环境艺术专业博士论丛

中国传统建筑中的时间观念研究

孟彤 著

中国建筑工业出版社
CHINA ARCHITECTURE & BUILDING PRESS

图书在版编目（CIP）数据

中国传统建筑中的时间观念研究/孟彤著. —北京：
中国建筑工业出版社，2008
（环境艺术专业博士论丛）
ISBN 978-7-112-10232-7

Ⅰ.中… Ⅱ.孟… Ⅲ.古建筑-建筑艺术-研究-中国 Ⅳ.TU-092.2

中国版本图书馆CIP数据核字（2008）第109872号

环境艺术专业博士论丛
中国传统建筑中的时间观念研究
孟 彤 著

*

中国建筑工业出版社出版、发行（北京西郊百万庄）
各地新华书店、建筑书店经销
北京中实兴业公司制版
北京云浩印刷有限责任公司印刷

*

开本：787×1092毫米 1/16 印张：13½ 字数：245千字
2008年9月第一版 2008年9月第一次印刷
印数：1—3,000册 定价：**38.00**元
ISBN 978-7-112-10232-7
(17035)

版权所有 翻印必究
如有印装质量问题，可寄本社退换
（邮政编码 100037）

在中国传统文化中，时间和空间是统一的，在中国传统建筑中，这种整体时空观念得到完美体现。本书研究了由时间到空间进行转换的可能性，探讨了中国传统建筑中各种从时间到空间的转换方式，通过这种转换，抽象的时间借助空间得到表达。时间作为能动的因素，统领着空间，它不仅影响了中国传统建筑独特的空间形式，而且赋予了建筑丰富的意义和场所精神，这种场所精神是一种生命精神。

本书主要供从事环境艺术设计、城市规划设计、景观设计以及建筑设计人员阅读，也可供相关专业的理论研究人员和师生参考。

* * *

责任编辑：曲士蕴
责任设计：张政纲
责任校对：汤小平

前　言

　　一个学科的发展需要有理论的支持。随着中国城市化进程的加快，中国的环境艺术设计得到了迅速发展。由于环境设计对人们宜居生活的重要性，对提高人们生活质量所起的重要作用，环境设计越来越受到人们的重视，环境意识觉醒，设计水平不断提高，中国环境设计所取得的成就有目共睹。但是，与快速发展的环境设计实践相比较，有关环境设计的理论研究却相对滞后。环境设计发展过程中存在的经验教训，以及诸多问题都没有得到及时总结和解决，中国当代环境设计学科亟待理论方面的建树。

　　中央美术学院建筑学院张绮曼教授环境艺术设计工作室（第三工作室）长期以来一直致力于环境设计的实践和理论研究，把推动中国环境设计的发展及建构中国环境设计的理论框架作为工作室博士生课程的重要内容。近几年来，通过每个博士生选择一个环境设计中的问题作为研究课题，每篇论文解决一个环境设计中的理论问题等方式，积累了一批研究环境设计理论的优秀论文。这些论文虽然选题不同、写作的角度不一样，但都是围绕环境设计所存在的问题作了深入的探讨，其中有一些研究题目还填补了国内环境设计理论研究的空白。论文通过答辩后，又经过了作者的修改和润饰，对一些问题作了更进一步的研究。因为得到了中国建筑工业出版社的大力支持，这些成果作为丛书陆续出版，以期在环境设计理论领域起到抛砖引玉的作用，引起环境设计界对理论探讨的重视。

　　本丛书所选书目从环境设计的各个方面进行了理论探讨，内容涉及了城市环境规划、景观设计、室内设计等。既有对世界环境设计思潮前沿的理论研究，也有对环境设计历史的梳理和设计风格形成的探讨，还有针对中国当代环境设计所作的美学分析与批判。希望此丛书的陆续出版，能够对环境设计的理论问题进行全面、深入的研究，为中国当代环境设计提供理论上的支持。并希望通过此丛书建构一个良好的环境设计研究的学术理论平台，积极探索中国环境设计的未来，进一步理解中国传统的环境美学精神，重新建立中华民族文化的自信，建设真正具有中国文化特色的美好和谐环境。

中央美术学院建筑学院教授、博士生导师：张绮曼

目 录

绪论 ·· 1
    第一节　建筑和时间的关联 ·· 1
    第二节　有关的概念与研究方法 ······································ 8
    第三节　选题的意义 ··· 21

第一章　时间观念概说 ··· 23
    第一节　时间难题 ·· 23
    第二节　时间的属性 ··· 28
    第三节　时空的共性与关联：转换的可能性 ······················ 36
    第四节　汉语语境中的时间 ·· 40

第二章　时间和建筑 ·· 44
    第一节　空间型和时间型：艺术类型之辩 ························ 44
    第二节　中国古代的宇宙模型 ······································· 51
    第三节　建筑即宇宙——象天法地以造物 ······················· 58

第三章　建筑中的时空转换 ··· 93
    第一节　时刻——不同价值的时间点 ····························· 93
    第二节　时段——四时配四方的意义 ····························· 104
    第三节　时序：等级差序和序列感 ································ 136
    第四节　时间向度——永恒的回归 ································ 143

第四章　时间观念与场所精神 ·· 147
    第一节　人的时间 ··· 147
    第二节　建筑中的时义和生命精神 ································ 150
    第三节　以时率空——场所中的生命精神 ······················ 180

第五章　余论 ··· 192
    第一节　两种取向 ··· 192
    第二节　"非人"的现代性时间与传统建筑 ····················· 195

主要参考文献 ·· 200

绪　　论

第一节　建筑和时间的关联

　　李约瑟（Joseph Needham，1900～1995）博士认为，"再没有其他地方表现得像中国人那样热心于体现他们伟大的设想'人不能离开自然'的原则，这个'人'并不是社会上的可以分割出来的人。皇宫、庙宇等重大建筑物自然不在话下，城乡中不论集中的，或是散布于田庄中的住宅也都经常地出现一种对'宇宙的图案'的感觉，以及作为方向、节令、风向和星宿的象征主义。"[①] 其中提到的宇宙中的"宙"和"时令"都是指的时间。李约瑟敏锐地看到了中国传统建筑和时间之间的重大关联，但是没有专门就这个问题展开讨论，而只是使用了很有感性色彩的"感觉"一词，并且把这种关系归结为西方话语体系中的"象征主义"，其实，在他所谓的"呈现"背后，隐藏着深刻的思想根源以及复杂的观念系统，远非一种"感觉"而已。其中，对时间的理解、这种理解在构筑"宇宙图案"中所

图1　"散布于田庄中的住宅"（云南大理诺邓古村）
图片来源：本书作者摄

---

① 转引自李允鉌，《华夏意匠》，香港：香港广角镜出版社，1982年，第42～43页。原文见：Joseph Needham Science & Civilisation in China, Vol Ⅳ: 3. Cambridge University press. 1962, p65.

起的作用以及从时间观念到建筑空间的转换方式都具有与其他建筑传统极为不同的特色,对这些问题进行研究,不但有助于理解中国的传统思想,也有助于理解中国传统建筑文化,二者的价值在这种研究中会更充分地显现出来。

就建筑的设计、建造、使用、解读和评价等方面来说,不论在哪一种建筑传统中,时间和空间问题都是很值得讨论的问题,特别是西方进入现代主义发展时期以来,空间问题已经被明确地界定为建筑设计的核心问题,正统的现代主义建筑理论认为,建筑的本质就是空间。时间问题虽然没有受到与空间问题同样程度的重视,但也不乏研究和论述,不过,从研究的系统性和讨论的深度、广度来看,时间与建筑的关系问题都是还有很大探讨空间的。

时间与建筑的关系问题之所以没有像空间问题那样受到充分的重视,最直接的原因就是,建筑首先是物质性的,它对空间的占有和分割是通过具体而实在的物质材料完成的,人们对空间的感知和使用是非常具体和直接的。虽然空间本身不可触摸,但限定和围合空间的物质性实体却是有形的、具体的、实在的。时间则不同,对于时间的本质、时间是真实的存在还是虚幻的人类内心体验等问题,至今仍然是让人莫衷一是的问题,把不可触摸的时间同物质性的建筑联系起来,在许多人看来即使是可能的,也只能是间接的,甚至是牵强附会的。正如鲍申葵(Bernard Bosanquet,1848~1923)所说:"时间上的承续比空间上的并存更是'观念性'的,因为时间上的承续要凭记忆"。[①]

关于建筑与时间的关系,在西方建筑理论界已经有一些讨论,特别是在相对论改变了西方人的宇宙观以来,在广泛的艺术领域,新的时空观念都在产生着巨大的影响,但是,在中国建筑界,对时间问题的研究却相对薄弱,这与时间观念同中国传统建筑密切的关联以及中国建筑对这种观念独特而丰富的表达是极不相称的。

其实,在建筑理论研究中,时间问题不仅没有取得空间问题那样的重要地位,而且,还存在一些否定时间与建筑关系的理论。

在西方,莱辛(G. E. Lessing, 1729~1781)在《拉奥孔——论诗与画的界限》(Laocoon: An Essay on the Limits of Painting and Poetry)中最早明确提出了空间艺术和时间艺术的区别,他的这种用时空为标准的分类方式被广泛接受。按照他的标准,建筑应该属于空间艺术,所以,有很多人否认建筑与时间有关。

---

① [德]黑格尔,《美学》,第一卷,朱光潜译,北京:商务印书馆,1979年,第111页,鲍申葵英译本注。

在否定时间与建筑关系的观点中，比较有戏剧性的例子是，诺伯格·舒尔茨（Christian Norberg－Schulz，1926～，即下文提到的《场所精神：迈向建筑现象学》台北译本的作者诺伯舒兹，以后不再注明）主要依据德国哲学家马丁·海德格尔（Martin Heidegger，1889～1976）的一些基本观点来建构其建筑现象学体系并探讨建筑的空间问题，舒尔茨在《存在·空间·建筑》一书中总结了五种空间概念：肉体行为的实用空间；直接定位的知觉空间；环境方面为人形成稳定形象的存在空间；物理世界的认识空间；纯理论的抽象空间。在他的论述中，这五种空间与时间少有牵涉。①而在其《场所精神：迈向建筑现象学》中就明确提倡"狭义的、但准确的"空间概念——三维体制，而拒绝加上时间成为四维空间的说法。②他认为，抽象的时空形式概念是有关微观或天体现象的，与建筑空间没有什么关系。但是，时间和居住的关联在舒尔茨的精神导师海德格尔那里却是个带有终极意义的问题。海德格尔在《住·居·思》中明确表述了存在与人的居住的关系："我们人据以在大地上存在的方式，乃是 Buan，即居住。③"居住不仅仅是占有住所的空间，而是人存在的方式，而存在和时间的关系是海德格尔思索一生的重大命题，在海德格尔的早期代表著作《存在与时间》中，可以读到许多像"一切存在论问题的中心提法都植根于正确看出了的和正确解说了的时间现象以及它如何植根于这种时间现象"，"只有着眼于时间才可能把握存在"这类陈述。④

现代主义建筑理论认为，建筑的本质就是空间。在西方建筑理论界，对空间的论述已经非常系统和成熟，对于建筑空间发展史最具代表性和影响力的分析来自建筑理论家吉底翁（Sigfried Giedion，1893～1956），他在《空间、时间和建筑：一个新传统的成长》（Sigfried Giedion, Space, Time and Architecture——The Growth of A New Tradition, Harvard University Press, fifth edition, 1982）中把建筑的历史等同于人类对空间认识的历史，他系统地讨论了西方从古希腊以来建筑演变的各个历史阶段对待空间的不同态度，认为建筑史是两度空间向四度空间的演化史，时间被当作空间的第四个维度看待，这种理解直接来源于爱因斯坦（Albert Einstein，1879～1955）在 1905 年提出的狭义相对论和 1915 年的广义相对论，

---

① ［挪威］诺伯格·舒尔兹，《存在·空间·建筑》，尹培桐译，北京：中国建筑工业出版社，1990 年。
② Genius Loci—Toward a Phenomenology of Architecture，中文译本：［挪威］诺伯舒兹，《场所精神：迈向建筑现象学》，施植明译，台北：田园城市文化事业公司，1995 年。
③ ［德］M·海德格尔，《海德格尔选集》，孙周兴选编，上海：上海三联书店，1996 年，第 1190 页。
④ ［德］M·海德格尔，《存在与时间》，《海德格尔选集》，孙周兴选编，上海：上海三联书店，1996 年，第 49 页。

在西方，以相对论为起点，时间和空间才真正成为一个整体，时间也才作为这个整体不可或缺的一部分真正开始进入建筑理论的视野。

伴随着汽车时代的到来，现代城市的尺度空前膨胀，时间作为一种强制性的因素成为不能忽视的问题，城市规划中已经不能不考虑时间因素，所以，一战后，由格罗皮乌斯（Walter Gropius，1883～1969）、密斯·凡·德·罗（Ludwig Mies van der Rohe，1886～1969）、柯布西耶（Le Corbusier，1887～1965）等人倡导的新建筑运动已经提出要考虑建筑过程中的时间因素，并提出"空间—时间"的建筑构图理论①，不过，这种观点主要是基于城市尺度来考虑的，建筑和城市是分别看待的，所以，有一种说法是："建筑是空间的艺术，而城市是时间的艺术。"②

布鲁诺·赛维（Bruno Zevi，1918～ ）的《建筑空间论——如何品评建筑》（Architecture as Space：How to Look at Architecture）提出"空间是建筑的主角"，提倡用"时间—空间"观念看待建筑的历史③。全书以空间观念和建筑空间形态演变为主线，构成了一部不同于以时间顺序和风格演变为线索的建筑史，最后，他提出了空间和时间相结合的"有机空间"。他还在《现代建筑语言》中对"有机空间"的设计方法进行了全面的阐述。

罗和凯特（Colin Rowe and Fred. Koetter）的《拼贴城市》认为，城市是一个历史的沉淀物，每个历史时期都在一个城市留下了自己的印迹，"拼贴城市"就是保留时间痕迹的结果④。此书对于理解当代建筑和城市如何把原本历时性的时间因素转换成共时性的空间图式提出了一些独到的见解。

美国的阿摩斯·拉普卜特（Amos Rapoport，1964～2000）的《城市形式的人文方面——关于城市形式和设计的一种人—环境处理方法》（Amos Rapoport：Human Aspects of Urban Form——Towards A Man-Environment Approach to Urban Form and Design，Pergamon Press，1977）中"城市设计作为空间、时间、含义和交往的组织（Urban Design as The Organization of Space，Time，Meaning and Communication）"部分涉及城市环境中的时间问题⑤，之后，又讨论了时间体验在环境认知中

---

① 沈玉麟，《外国城市建设史》北京：中国建筑工业出版社，1989年，第130页。
② 张松，《城市是时间的艺术》，http：//www. nb7000. com：8001/nbwhj/arti-syn/10/342-1. htm，2006～02～17。
③ [意] 布鲁诺·赛维，《建筑空间论——如何品评建筑》，张似赞译，北京：中国建筑工业出版社，1984年。
④ [美] 柯林·罗（Colin Rowe），弗瑞德·科特（Fred Koetter），《拼贴城市》，童明译，北京：中国建筑工业出版社，2003年。
⑤ 后文仅在涉及Rapoport的《住屋形式与文化》时采用该书台北译本的译法拉普普，类似情况以后不再注明。

的重要作用和现代城市时间分配的一体化倾向,对理解现代城市环境与时间的关系很有启发意义。

拉普卜特的《建成环境的意义——非言语表达方法》中还认为:"人不仅生活在空间中,也生活在时间——环境也是时间的,因此也能看作时间组织,反映并影响在时间中发生的行为。"他随后分别论述了线性时间观和轮回时间观对建成环境形态以及生活于其中的人类行为的影响,并且明确地指出:"人们不仅为空间所分离,也为时间所分离","人生活于时空中"①。

拉普卜特的这种研究属于环境行为学范畴,作者分析了环境意义的重要性,探讨了意义与人类行为的相互影响,主要涉及环境中世界观和道德信念的表达、环境的社会意义、人类个体心理对环境意义的感受与反应等层面。但是,在《建成环境的意义——非言语表达方法》中,对于时间的讨论篇幅有限,只用了"时间的组织"一节,没能充分展开。

卡斯腾·哈里斯的《建筑的伦理功能》一书的第3编"空间·时间·住宅"中以海德格尔思想为指导,运用现象学的方法,用较大篇幅讨论了时间和人的居住问题,是目前所见西方文献中就此问题研究比较深入的一部著作②。

按照上述作者的观点,时间问题在西方现代主义运动之前基本上被排除在了建筑设计和理论之外,时间问题只是在相对论产生之后才被有意识地纳入建筑设计和理论的视野。

后现代主义的主将之一查尔斯·詹克斯的《跃迁的宇宙间的建筑》用现代科学的宇宙观来解释西方当代的建筑发展的新特征,提出"形式追随宇宙观",建筑和时间关系的研究打开了新的一页③。

图2 "形式追随宇宙观"。运用爱因斯坦"相对论"概念设计的北京天文馆新馆
图片来源:本书作者摄

---

① [美] 阿摩斯·拉普卜特,《建成环境的意义——非言语表达方法》,黄兰谷等译,北京:中国建筑工业出版社,2003年,第145~146页。
② [美] 卡斯腾·哈里斯,《建筑的伦理功能》,申嘉、陈朝晖译,北京:华夏出版社,2001年。
③ Charles Jencks. The Architecture of the Jumping Universe: A Polemic: How Complexity Science is Changing Architecture and Culture. Rev. ed. Baffins Lane, Chichester: Wiley, 1997.

上面提及的只是目前国内影响较大并且涉及建筑和时间关系的西方著作，由于国内译介的不足以及本人所见有限，挂一漏万是难免的①，总的来说，或多或少涉及这个问题的论著比比皆是，但是，尚未见到就此问题进行专门研究的书籍。

由于中国古代建筑以群体组织和空间序列为主要艺术特色，置身其中，人们很自然地会产生强烈的时间体验，所以，在研究中国建筑的著作中，提到时间问题的就更多了，这样的例子可以信手拈来：

有人指出了理解建筑和时间关联的困难："对于建筑的时间性的理解似乎比空间来得容易。其时间性主要表现于建筑的存在、使用行为活动和对建筑的审美等几个方面。建筑的存在有时间性：埃及的金字塔、希腊的神殿等，已存数千年，看似长寿，但已残破。其使用和审美也在时间中进行：古代园林通过'借、隐、藏、对'等空间处理手法，达到'步移景异，小中见大'的人工自然环境，第一代现代主义大师密斯所设计的巴塞罗那博览会德国馆，把时间概念充分运用到空间中去。建筑创作具有时间因素的制约，比如说古寨旧垒虽已失却昔日的风采，也许不那么好用，但其审美及文化价值却在上升……"②

这种观点同西方古典艺术理论中否定时间和建筑关系的立场恰成对照，中西文化背景的差异如何影响人们的时间观念从此可见一斑。

"建筑艺术打破了时空的有限性，极大地拓展了空间的广延性，增强了时间的广延性。""建筑不仅在空间上有极大的延展性，在时间上也有极大的延展性。……因而，过去并未过去，它将留在现在，还将流向未来。过去、现在、未来三者是交融在一起的，并在过去的建筑基础上有所发展，有所创新。""建筑是一个空间环境，在观赏时，视点需要不断地流动。……这样，时间因素就与空间因素相交会，静态的三维实体成了动态的多维时空体。正因为如此，建筑的观赏是在空间序列的展示与时间的流程中来完成的，它需要强调一种'游'，需要审美主体在流动中不断去观赏到建筑的美。在此，不仅空间在展示时间，时间也在烘托空间，时空交会在主体的流动中，并在主体的观赏中不断拓展、延伸。"③

张永和在《非常建筑》中就一幅明信片上的绘画作品《十二月令》写道："动的视点，表明了时间相度的存在④。相反，静态的灭点透视是建立在时间忽略的基础上。""在中国，传统的概念中不分时空。宇宙一词中宇

---

① 关于国内西方建筑理论译介情况综述，可参见包志禹，《建筑学翻译刍议》，《建筑师》，2005年第二期，第75~85页。
② 王绍森，《建筑艺术导论》，北京：科学出版社，2000年，第5页。
③ 方珊，《诗意的栖居——建筑美》，石家庄：河北少儿出版社，2003年，第135页。
④ 疑为"向度"，原书如此。

为空间性的四方上下,宙为时间性的古往今来,时空二者共同构成经验的世界。"① 他还说:"时间的距离是由空间的分隔暗示出的。"②

沈福煦、沈鸿明的《中国建筑装饰艺术文化源流》中讨论中国建筑装饰艺术的基本特征时讲到其"时空特征":"从先秦的一些建筑装饰资料中可知,当时已有这种特征,即与建筑的统一性,美观与教育的统一,美观与功能的统一等等。后来秦汉三国晋、唐宋元明清,历朝历代,主题不变。这就是时间性。"③

《建筑外环境设计》中的"建筑外环境与时间"部分认为:"建筑外环境的设计并不局限于三维空间之中,对第四维——时间的设计也同样重要",然后,作者从可持续性角度分析了建筑外环境与自然、社会、政治、经济、文化等因素之间的相互影响,指出要针对建筑外环境的"保质期"进行"时效性设计",加大其"适应性"、"可塑性",以延长"保质期",这些观点虽然很有道理,但是,作者几乎没有涉及时间观念,而只是从建筑外环境的物质实体存在年限层面进行阐述④。

张杨的《空间·场所·时间——建筑场的基本构成要素》认为时间是建筑场的基本构成要素之一,空间、行为、场所是另外一些基本要素⑤。关于时间问题,该文主要讨论物理场在不同时间下与心理场的互相作用,即"场所的时间效应",实际上是属于环境心理学领域的探讨,此文并未涉及中国传统建筑。

宗白华先生在《中国诗画中所表现的空间意识》中提出了"以时率空"的观点,认为中国的宇宙观是"时间率领着空间",此文影响广泛。只是此文没有具体就建筑展开讨论⑥。朱良志先生提出的"以时统空"说⑦、乐黛云先生的"按照时间顺序决定空间地位"⑧、杨阿联、刘起宝的论文所说"真正的主宰是时间"⑨、张宇、王其亨的"时间引导空间"⑩ 等

---

① 张永和,《非常建筑》,哈尔滨:黑龙江科学技术出版社,2004年,绪言。
② 同上书,第22页。
③ 沈福煦、沈鸿明,《中国建筑装饰艺术文化源流》,武汉:湖北教育出版社,2002年,第9页。
④ 钱健,宋雷,《建筑外环境设计》,上海:同济大学出版社,2001年,第187~189页。
⑤ 张杨,《空间·场所·时间——建筑场的基本构成要素》,《河北建筑工程学院学报》,2000年第2期,第26~29页。
⑥ 宗白华,《中国诗画中所表现的空间意识》,见《美学散步》,上海:上海人民出版社,1981年,第89页。
⑦ 朱良志,《中国艺术的生命精神》,合肥:安徽教育出版社,1995年,第1页。
⑧ 乐黛云等主编,《中西比较文学教程》,北京:高等教育出版社,1988年,第330页。
⑨ 杨阿联、刘起宝,《空间·时间——对中国传统建筑时间型特征的探索》,《华中建筑》,1997年第3期,第110~111页。
⑩ 见张宇、王其亨,《照应古代音乐美学的中国传统建筑审美观》,《建筑师》,2005年总第116期,第89~92页。

说法实际上都接受了宗白华先生的观点。

对此，赵奎英提出不同意见，认为"时间寓于空间之中，就像宙寓于宇中。空间主导着时间，时间被空间化了。[①]"可见，时间同建筑的关系在许多中国学者眼中不是存在与否的问题，而是时间与空间哪个占主导地位的问题。

此外，有很多出现在设计说明里的只言片语，引入时间概念以强调设计方案的文化内涵；另有很多出于商业目的的文字，把时间概念作为诉求点，如一篇房地产方面的文章就以《建筑是时间的艺术：2005 杭州主城区住宅开发趋势》为题，吸引眼球的意义远超过学术价值[②]。

还有考古学、中国美术史等学科的一些论文多少涉及建筑与时间问题，虽然是站在其他专业的角度进行讨论，但其中有很多资料值得借鉴，由于相关文字很多，此处就不便一一征引了。

大致说来，目前涉及中国传统建筑与时间关系问题的著述主要的着眼点有：研究由空间序列引起的时序感，主要强调由视点移动产生的复杂的、变化的审美感受；从哲学角度探讨时空关系，偶尔涉及建筑；建筑作为物质的历时存在所产生的历史感；建筑设计的时效性和可持续性；建筑传统在时间历程中的延续性；把时间作为和空间并列的"第四维"等观点。

以上各种研究类型中，占比重最大的是从建筑空间布局的流动性和序列感的角度着眼，强调中国散点透视与西方焦点透视的区别，这些观点无疑是正确的，但是，这些讨论大多仅仅停留在心理分析和形式探讨层面。也有许多学者研究了中国艺术中的时间和空间的关系问题，并就"时间主导着空间"还是"空间主导着时间"展开了讨论，从而把研究向深层推进了一步，但在他们的争论中，只是偶尔涉及建筑，没有专门就建筑进行深入研究。至于建筑形式背后的思想根源，特别是从抽象的时间观念到可感知的建筑空间进行转换的依据、可能性及其转换机制则很少有人进行深入研究，还有，时间对于建筑的意义，时间与中国艺术精神的关系等问题，都还缺少深入的讨论，而这些恰恰是本书的主要关注点。

第二节 有关的概念与研究方法

就一个问题展开讨论，相关的概念必须首先明确。与本书主题相关的几个概念包括：建筑、转换、象征、模仿、传统等，至于时间概念则另辟

[①] 赵奎英，《中国古代时间意识的空间化及其对艺术的影响》，《文史哲》，2000 年第 4 期，第 44 页。

[②] 姚葵醴，《建筑是时间的艺术：2005 杭州主城区住宅开发趋势》，http://www.villachina.com/2005—10—13/545466.htm，2006—02—17。

专节讨论。

最先要明确的就是"建筑"概念。这就涉及"建筑"名目下的各种分类方式,还有因为古今、中外语言的不同而产生的歧义。

很多原始语言中有很丰富的具体的分类概念,却没有一个总称把它们统一在一个大的类别中,比如,荷兰学者约翰·赫伊津哈(Johan Huizinga,1872~1945)在《游戏的人》中提到,有些民族有 eel(鳝)和 pike(梭鳗)等对每一种鱼的称谓,却没有 fish(鱼)这个总称[1]。法国人类学家列维-布留尔(Lévy-brühl, Lucién,1857~1939)在《原始思维》中也指出原始人类的语言中对具体事物抽象和概括能力的欠缺,这造成他们的专门用语非常丰富,而极端缺乏一般性的概念和对事物属名的创造[2]。

古代汉语中也有类似的情况,即使在距离原始社会已经很远的春秋战国时代,仍然存留很多丰富的对于同一类事物进行细微区分的词汇。《诗经》中因为涉及很多物种,并且字里行间透露着古人和这些"品物"亲密无间的消息,所以,孔子才认为《诗经》除了能让人"迩之事父"、"远之事君"之外,还能让人"多识鸟兽草木之名",但是,这些《诗经》中用到的称呼"品物"的词汇即使早在秦汉时代就已经有很多因为停止使用而不为人知,于是,才有了后来像三国陆玑的《毛诗草木鸟兽虫鱼疏》、宋代蔡卞的《毛诗名物解》、明代冯复京的《六家诗名物疏》、清代陈大章的《诗传名物集览》和日本冈元凤的《毛诗品物图考》等著作,对《诗经》中提到的"品物"进行考据讲解。《诗经》中对自然界一草一木如数家珍般的歌咏和生动细致的描绘在今天的语言中由于专门术语的缺失而成为一种困难,语言的演变中令人遗憾地

图 3 拙政园松风水阁
图片来源:本书作者摄

体现着人类和自然的日益疏远。再比如,《庄子》中出现过一连串描写天籁之声的词:"激者,謞(xiāo)者,叱者,吸者,叫者,譹(háo)者,

---

[1] [荷]约翰·赫伊津哈,《游戏的人》,多人译,杭州:中国美术学院出版社,1996年,第31页。
[2] [法]列维-布留尔,《原始思维》,丁由译,北京:商务印书馆,1981年,第163~164页。

突（yǎo）者，咬者"①。在今天，这些词有的已经废弃不用，也很少有人再能区分这些词之间的微妙差异。

就中国建筑的情况来说，中国古代只有城邑、园林、宫室、亭、台、楼、榭等具体的概念，而没有作为类的"建筑"概念，但是，在我们今天的语境中讨论建筑问题却不能不用"建筑"概念，即使"建筑"概念也还有 Architecture 和 Building 两种理解，其内涵和外延在理论界也是广为争论的课题。

从广义来看，建筑是人类为了生存的需要而建造的人工环境。它包括的范围极其广泛，大到城市，小到单体建筑，自然也就包括了古代中国的城邑、园林、宫室、亭、台、楼、榭等具体建筑类别，这样一种广义的理解明确地把建筑等同于人造的环境，也就同西方人所说的"建成环境（Built Environment）"大致相仿。

这样一个广义的用法可以有比较大的兼容性，用来研究中国古代建筑时，可以比较有效地避免跨文化研究常常遇到的语言矛盾，所以，本书所用的"建筑"概念采用这种广义用法而无意更多卷入建筑概念的争论②。

应当指出，虽然这里的"建筑"概念采用广义的用法，但不表明本书会讨论建筑的所有类型，因为并非所有建筑与时间观念都有同等重要的关系，并且，由于中国幅员辽阔，历史悠久，曾经存在或正在使用的建筑类型繁多，风格多样，情况非常复杂，面面俱到不便于获得清晰的脉络，也没有必要，所以，本书把具有原型意义的原始建筑、重要的墓葬建筑、礼制建筑、以儒家思想为主导的大部分官式建筑等作为主要的讨论对象。

从上述对建筑概念的简单讨论就可以看出，用现代的汉语去研究古代的建筑必然要经过现代语言的过滤和重新阐释，特别是当这种研究要遵循现代学术规范的时候。固然，"大凡用新名词称旧物事，物质的东西是可以的，因为相同；人文上的物事是每每不可以的，因为多是似同而异。"③可在人文学科研究的物事中，又有多少东西是纯粹物质的东西呢？

要用语言确切解读建筑中的意义，困难还在于，建筑拒绝对自己的意

---

① 《庄子·内篇·齐物论第二》。
② 1999 年吴良镛先生起草的国际建筑师协会《北京宪章》采用了"广义建筑学"概念，即，"广义建筑学，就其学科内涵来说，是通过城市设计的核心作用，从观念上和理论基础上把建筑、地景和城市规划学科的精髓整合为一体。"《北京宪章》更把建筑学拓展到"全社会的建筑学"，即建筑师要参与人居环境建设所有层次的决策，而且让全社会更多地参与整个建筑设计过程。这些说法与本书所说广义的"建筑"概念不同，这里只是在概念的外延上加以限定，而不涉及其他理论问题。
③ 傅斯年，《与顾颉刚论古史书》，载《史学方法导论——傅斯年史学文辑》，北京：中国人民大学出版社，2004 年，第 77 页。

义做任何确定性的描述①。正是由于语言文字和建筑艺术之间的不可通约性②，才使得建筑艺术具有超越语言的表现力和独立的存在价值③，也造成用语言解读建筑作品的意义时会产生歧义性，即使经过将作品放回原始语境的努力，解读者的个人理解也会导致误读的可能。所以，用文字方式探讨建筑是冒着很大风险的，好在"歧义性即丰富性"④，建筑艺术，乃至其他任何门类的艺术，面对语言的阐释都是开放的、不可穷尽的，这也许正是艺术的魅力所在，希望本书能不辜负艺术所允诺的宽容。

问题也不只在于语言，其实，关于到底有没有一个语言所指向的历史真实，或者说到底能不能得到一个真实的历史，在学术界也是一个争议很大的问题。

莫泊桑曾说："只要地球上有多少人就会创造出多少种不同的真实。"⑤ 在《存在与时间》中，海德格尔也区分了"Historie"和"Geschichte"，后者指实际发生的历史，即"历史"；前者则是对实际发生过的历史的记载、反省和研究，即"历史学"或"历史学的历史"⑥。按照阿雷恩·鲍尔德温（Elaine Baldwin）等人的《文化研究导论》的归纳，关于如何理解历史，至少有作为事实的历史、马克思主义的历史、作为叙事的历史、福柯式的历史等类别⑦。

---

① 关于这一点，伯尼斯·马丁曾进行了论述，他认为，"文化现象，特别是带有符号和神话色彩的现象，坚决抵制将自己禁锢在某种确定性'意义'之中的作法。此类现象力图摆脱理性分析的束缚；它们所包含的变幻性似乎在回避确定性的译释或什么定论，即反对用非符号性的，也就是僵化呆板的、完全明确的或一锤定音的术语来评判它们。音乐、绘画、舞蹈、哑剧和仪式都拥有与本身的'词汇'相关的符号与形式。这些形式可以通过语言媒介得以评述、解释和广延，但是绝不可能被完满地译成文字。在分析语言中，甚至连文字的象征意义也难以毫无遗漏地予以译释。"见〔英〕伯尼斯·马丁，《当代社会与文化艺术》，李中泽译，成都：四川人民出版社，2000 年，第 32～33 页。
② Incommensurable，托马斯·库恩（Thomas Samual Kuhn, 1922～）在其《科学革命的结构》一书中提出的重要概念和命题。
③ "象"超越"言"的优势在《易传》中有一种经典的表述，《易传·系辞上》说："子曰：'书不尽言，言不尽意。'然则圣人之意，其不可见乎？子曰：'圣人立象以尽意，设卦以尽情伪，系辞焉以尽其言。变而通之以尽利，鼓之舞之以尽神。'"
④ 〔英〕伯尼斯·马丁，《当代社会与文化艺术》，李中泽译，成都：四川人民出版社，2000 年，第 35 页。另，苏珊·桑塔格（Susan Sontag, 1933～2004）的"反对阐释"、提倡"新感受力"的主张正在国内风行，对待这种主张，应该联系特定的语境，不能任意搬用，况且，艺术作品本身就是一种阐释，它绝非纯粹的形式游戏。详见《苏珊·桑塔格文集——反对阐释》，上海：上海译文出版社，2003 年。
⑤ 见葛兆光，《道教与中国文化》，上海：上海人民出版社，1987 年，第 3 页。
⑥ 见〔德〕海德格尔，《存在与时间》译注，以及《时间与存在》译注，载《海德格尔选集》，孙周兴选编，上海：上海三联书店，1996 年，第 38，669 页。
⑦ 〔英〕阿雷恩·鲍尔德温等，陶东风等译，《文化研究导论》，北京：高等教育出版社，2004 年，第 200～219 页。

这些分类大致表现为对于"客观存在的历史"是否存在这个问题肯定和否定两种回答。其中,那些把历史看作解释或叙事的观点,即使没有否认客观历史的存在,至少也是在回避这个问题。把历史纯然当作一个文本,完全否认文本叙述的对象曾经存在过,未免过于偏激,毕竟,"历史不是一个文本",尽管"除了文本,历史无法企及。①"即使那些不愿意承认有真实存在过的历史的观点,也难免在不自觉地追逐着,或者至少受制于真实的历史,因为,历史毕竟不同于文学。

"历史与其说是当下存在的事实,不如说是人们理解中的存在;历史的意义与其说是明显的观念,不如说是有待阐释的文本;因此,历史学无非是把一个时空体系中的意义转换到另一个时空体系中去。"② 在用现代汉语遵照现代学术研究的规则解释过去的建筑时,就是在进行这种"转换"工作,这时,我们应该既相信语言的能力,同时又承认语言的限度,这两个方面构成了学术研究的上限和下限,对古代的建筑及其反映的思想和观念的研究只能在可能性与不可能性之间寻找问题的答案。那种声称用现代汉语可以准确无误解释古人思想的说法是很难让人信服的,也是本书所不敢设想的;而企图完全复原一个古代汉语的语境,以求得达到完全的历史真实的设想,即使存在某种程度的可能性,对于当代学术研究也是很少现实意义的,毕竟,还是克罗齐(Croce, Benedetto, 1886~1952)那句老话:"一切真历史都是当代史。"

目前的学术界有一种做法,就是从古代思想中到处挖掘所谓科学性,似乎科学性是唯一值得肯定的价值,而前科学(pre‑science)或原科学阶段的许多历史存在被有意识地忽视③,这种方法本身却很难称得上是科学的,它是对历史真实的背离。比如,常听到有人主张中医必须彻底抛弃其前科学的理论体系,甚至完全否定中医。如果说,中医理论有些不够科学,当然应该修正,但采取彻底否定的方式显然有些冒失,况且,如果从历史唯物主义的立场来看待这种前科学,即使其中的"糟粕"也是应当作为重要的研究对象认真研究的。

就建筑研究来说,从物质、材料、功能等方面研究古代建筑而有意忽略或不愿相信某些今人难以理解的观念,甚至把古人的这些观念简单地看作封建迷信加以拒斥,是当代建筑研究中经常出现的现象,这种用所谓科

---

① 语出詹明信(Fredric Jameson, 1934~)《政治无意识》(The Political Unconscious, Conell University Press, 1981)第82页,转引自葛兆光《中国思想史》之《导论》,上海:复旦大学出版社,2004年,第121页。
② 韩震,孟鸣歧,《历史·理解·意义》,上海:上海译文出版社,2002年,第9页。
③ Proto‑science,有人译为"原始科学",如[英]葛瑞汉,《论道者:中国古代哲学论辩》,张海晏译,北京:中国社会科学出版社,2003年,第358页。英文中的primitive和proto具有不同的含义,"原始科学"的译法是对二词的混淆,似乎不妥。

学和唯物的眼光揣测古人心思的做法，往往会导致片面的结论。

举个例子，《周礼·考工记》曾记载："上欲尊而宇欲卑。上尊而宇卑，则吐水疾而霤远。"所以，梁思成（1901～1972）先生认为："依梁架层叠及'举折'之法，以及角梁、翼角，椽及飞椽，脊吻等之应用，遂形成屋顶坡面，脊端及檐边，转角各种曲线，柔和壮丽，为中国建筑物之冠冕，而被视为神秘风格之特征，其功用且收'上尊而宇卑，则吐水疾而溜远'之实效。而其最可注意者，尤在屋顶结构之合理与自然。其所形成之曲线，乃其结构工程之当然结果，非勉强造作而成也。"① 随后，有人用物理学公式论证中国古代建筑屋顶"最速降线"的所谓科学性，认为符合"最速降线原理"，其实质是把雨水最快排离屋面②。

图4 如翚斯飞
图片来源：本书作者摄于云南大理

图5 民居屋顶上常见鸟的造型，图为陕西绥德汉画像石
图片来源：刘敦桢主编，《中国古代建筑史》，北京：中国建筑工业出版社，1984年第2版，第51页

---

① 梁思成，《中国建筑史》，天津：百花文艺出版社，2005年，第9页。
② 有关文章有：李怀埙，《最速降线及反宇屋面》，《新建筑》，1993年第3期；汤国华，《中国传统大屋顶排雨特点初探》，《华南建设学院西院学报》，1996年第2期；汤国华，《中国传统大屋顶的排雨特点》，《新建筑》，1996年第4期，等等。

其实，这只是问题的一个方面。在屋顶的形式和结构背后还有更加重要的文化观念，而这些看不见的观念往往被人们忽视。

如果从观念层面去考察古代屋顶造型和凤鸟的关系，就会发现，如《诗经·斯干》所说的"如跂

图 6　午门以"五凤楼"相称
图片来源：本书作者摄

（qī）斯翼，如矢斯棘，如鸟斯革，如翚斯飞，君子攸跻（jī）"和《诗经·大雅·緜》所说的"乃召司空，乃召司徒，俾立家室；其绳则直，缩版以载，作庙翼翼"绝非只是比喻，建筑和鸟之间有着更加密切的关系，而鸟曾经在很长的时期内被当作人神交通的使者，具有神圣的意义，这一点已经被很多学者论证过①。历史上以"五凤楼"相称的建筑很多，如唐宋洛阳宫城正门、辽中京宫城正门、明清故宫午门等。史书上记载的很多建筑也把凤鸟置于屋顶，如武则天建造的明堂有三层，其上层"上施铁凤，高一丈，饰以黄金。"② 直到现在，许多传统式样的民居屋顶上还经常用鸟的造型作装饰，只是这种作法的缘由却少有人知了。由于屋顶具有沟通天人的神圣意义，中国古典建筑对它极为重视。这种将意义和价值依附于象征符号的作法是当时人类生存的需要，其需要之迫切是当代人难以想象的，单纯从功能主义的观点，仅仅用物质环境来解释建筑的地方性和多样性，以及用建材决定论否定传统建筑文化的现实意义都是对历史的曲解。

基于上述认识，本书只能设定一个有限的目标，那就是把研究"指向真实"，但是，不回避对"真实"的人为解释。

本书涉及从时间到空间的"转换"和对宇宙图式的"模仿"概念，而不像开始时所引用李约瑟的说法那样使用"象征"一词，是因为它们有很大区别。

象征是艺术中很常见的方式。通过象征手段，那些抽象的观念、难解的意义、复杂的情感被用一些浅显易懂、形象直观的形式呈现出来，不但抽象的观念得以恰当地传达，而且，这种象征的手法还使得被传达的观

---

① 如：李学勤，《商代的四风与四时》，《中州学刊》1985 年第 5 期，第 99 页；王鲁民，《中国古典建筑文化探源》，上海：同济大学出版社，1997 年，第 4～32 页。
② 《旧唐书·武后本纪》。转引自梁思成，《中国建筑史》，天津：百花文艺出版社，2005 年，第 102 页。

念、情感和意义获得了强大的表现力和感染力①。艺术作品的图像所指示的并不只是作品的描述性内容,还在于它所包含的文化意义,象征的背后,一定有某种观念或意图,这种观念或意图被艺术赋予了形式,从而得以传达,象征是传达观念的有效手段,不过,传达观念的方式并非只有象征。对象征没有必要在本书展开讨论,因为有关的著述已经浩如烟海,姑且引用H·里德的通俗解释:"象征主义是一种利用比拟来表现抽象概念的艺术(如用鸽子代表和平),也是诗歌创作中惯用的手法。"②

本书不说用空间"象征"时间,也不说用建筑"象征"宇宙图式,主要考虑到,首先,时间虽然不可见,但是说它仅仅是H·里德所谓的"抽象概念"就会有很多反对意见。其次,是想强调时空的对等地位,以及它们属性的一一对应关系,而在象征手法中,就未必存在这种一一对应。比如,象征和平的可以是鸽子,还可以是橄榄枝、握手等形象,象征物和被象征物的形象不一定有相似的地方,同样,我们说用建筑"模仿"宇宙图式也是着眼于二者结构上的相似性。再次,如相对论所证明的那样,"时空的转换"在某些场合是可逆的,它们本来就是一个不可分割的整体③。以语言为例,我们既可以用时间量度估量空间,说"一天的路程",也可以反过来用空间量度表示时间,说"一

图7 云南大理有"起凤"匾额的牌坊
图片来源:本书作者摄

---

① 黑格尔(Wilhelm Friedrich Hegel,1770~1831)说:"象征一般是直接呈现于感性观照的一种现成的外在事物,对这种外在事物并不直接就它本身来看,而是就它所暗示的一种较广泛普遍的意义来看。因此,我们在象征里应该分出两个因素,第一是意义,其次是这意义的表现。意义就是一种观念或对象,不管它的内容是什么,表现是一种感性存在或一种形象。"[德]黑格尔,《美学》第二卷,朱光潜译,北京:商务印书馆,1979年,第10页(着重号)系原文所有。

② [英]H·里德,《艺术的真谛》,王柯平译,沈阳:辽宁人民出版社,1987年,第164页。此处"象征主义"实际是指"象征",因这里说的是一种艺术手法,而"象征主义"是19世纪末叶在法国兴起的颓废主义文艺思潮中的一个主要流派。

③ 闵可夫斯基(Hermann Minkowski,1864~1909)说:"从今以后,独立的空间和独立的时间便将化为幻影,这二者将结合成一个独立的实体。"转引自[美]伦纳德·史莱因,《艺术与物理学——时空和光的艺术观与物理观》,暴永宁、吴伯泽译,长春:吉林人民出版社,2001年,第148页。

图 8 毕加索为世界和平大会创作的《和平鸽》
图片来源：http://hi.baidu.com/ganq/blog/item/8f215adad3240ddbb7fd48b0.html

寸光阴"，而象征手法中的"用鸽子代表和平"则不能反过来说成"用和平代表鸽子"。最后，也是更重要的一点，在中国传统建筑中，借建筑传达时间观念是"象天法地"的一种方式，象天法地是一种用物象的对应关系取代因果关系的方式，它不像西方的科学那样对事物做本质的还原，而是寻找事物间的普遍关联，这种方式最终形成整体的、系统的思想体系，而西方的科学则以对事物的分析见长。"象"和"法"的关系有很多层次，各层次间的互动构成了一个巨大的系统，如《老子》所说："有物混成，先天地生。寂兮寥兮，独立不改，周行而不殆，可以为天下母。吾不知其名，字之曰道，强为之名曰大。大曰逝，逝曰远，远曰返。道大，天大，地大，王大。域中有四大，而王处一。人法地，地法天，天法道，道法自然。""象"和"法"类似于"宪章文武"的"宪章"，其中的效法和互动关系是"象征"一词所不能传达的，所以，为了显示这种区别，本书不使用"象征"一词，而用时空的"转换"和建筑对宇宙图式的"模仿"以示区别，不过，这种用法或许仍然不能准确传达"象天法地"的意思，只好在此加以说明。

另外，"转换"实际上在各种艺术中都是必然的手段。任何艺术都要借助某种媒介，如，绘画的媒介是画布或者纸张等，音乐的媒介是声音，舞蹈的媒介是身体，建筑的媒介是建筑材料，等等。不论是在现实主义的模仿，还是表现主义的抒情中，都要把某种模仿的对

图 9 油画《拖拉机》作者：孟彤
没有人会坚持绘画中的颜料只是颜料，而这些颜料所描绘的拖拉机也不会被认为是拖拉机本身

象或者某种感受、某种哲理转换成特定的媒介,媒介在转换后不再被认为是材料本身。比如,没有人会再坚持绘画中的颜料只是颜料而已,而这些颜料所描绘的对象也不会被认为是对象本身,它们已经被转换为绘画的形式和内容,材料本身只是在观众关注于绘画技巧的时候才被注意。建筑也是如此,一个建成的建筑很少再被当作材料的堆砌,它已经被转化为一种具有使用功能的空间、一种艺术形式。即使在一些非常原始简陋的建筑中也同样如此,在世界很多地方都能见到的原始巨石建筑,如英国的巨石栏(Stonehenge)就是例证,虽然这些石头仍然保持未经雕琢的自然形态,但是,经过人类对其空间位置的安排,一种从材料到建筑的转换就已经完成了。正是在这种转换中,艺术才产生了魅力。特别是当艺术作品把一种无形的思想转换为画面,把无声的感受转换为音乐,或者,就像在中国建筑中把时间观念转换为空间形式的时候,那种艺术的感染力是无法言说的。

图10　英国的巨石栏

图片来源：http：//members.optusnet.com.au/～benandeve/Stonehenge-No-People-smaller.jpg

还有必要界定的是所谓"传统建筑"的"传统"所涉及的范围。

有学者把中国的传统分为包括儒家和大乘佛教的"大传统",即士绅文化,以及以民间宗教和信仰为思想基础的民间文化,即所谓"小传统"①。虽然两种传统存在于不同的人群,其内在的信仰和外在的表现形式也多有差异,而且,在不同的历史时期,两种传统的信仰也伴随思想史的脚步发生着变化,但是,它们之间的联系远大于差别,从而才有可能一同构成一个整体的、一脉相承的、绵延千载的文化整体。比如,儒家和道家都把《周易》奉为自己的经典,甚至外来的佛教也被中国的大文化所同化,禅宗中不但能找到道家的影子,还能看出儒家的影响,儒道释三者在漫长的斗争中越来越难解难分,最终形成了所谓"三教合流"的态势,三教九流汇入了和而不同的传统整体。建筑的情形也有类似之处。尽管中国历史上的建筑有很多种类型,它们因时因地有各种适应性的变体,但是,

---

① 如台湾学者李亦园。见李亦园,《宗教与神话》,桂林：广西师范大学出版社,2004年。

相对于西方建筑，中国的建筑传统保持着相对的稳定性，很少有风格流派的大起大落，所以，有人批评中国建筑"千篇一律，千年一律"，这至少可以说明中国建筑传统具有很强的整体性。对于大小两种传统的复杂纠葛和演变的讨论以及建筑风格流变的历史不是本书所能及，因为，哪怕对此稍有涉及，都会有使本书面临变得漫无边际的危险，所以，这里只能把传统作为一个整体来看待，着眼于其共性，不做更详细的分割，至于整体内部的丰富性，则只能留待来日的专题研究了。

虽然本书主要围绕时间观念与建筑的关系进行讨论，按照历史编年的顺序来论述似乎是一种意味深长的选择，但是，由于本书不是一篇建筑中的时间观念史，打破年代划分的界限，从问题本身着眼，采取专题研究的方式，也许反而更能够体现思想观念的连续性和整体性。特别是中国的建筑传统相对来说缺少西方那样的风格剧变，尤其是原始建筑和乡土建筑，"它们本质上是'不循年渐进的'（nonchronological）。事实上，原创和革新在原始及乡土建筑中是被嗤之以鼻的，且难逃摒弃。'传统的方法是神圣的，而且个人因为制造方法上稍为超越常轨而被处分已不稀奇了。'"① 所以，本书采用专题研究的方式而不受编年顺序的限制。

考察时间观念与建筑的关系，必然要讨论时间观念。对时间观念的研究有自然科学和人文科学两个主要线索，这两条线索绝非互不相干，二者从最早的神话、巫术和宗教等形态的混沌未分，到逐渐分化，再到各自形成诸多成熟学科的过程中，有时同一，有时激烈地斗争，有时又互相启发，互为补充，为理解时间提供了全方位的视角。正如越来越被人们认同的那样，艺术与科学的关系应该是有区别又能够统一的，对于兼具艺术与科学两种属性的建筑艺术的考察自然也不能忽略自然科学和人文科学中的任何一个方面。

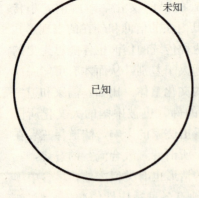

图11 爱因斯坦关于已知和未知的比喻

在自然科学领域，与时间关系最密切的学科是物理学，而在人文科学领域，与时间关系最密切的学科则是哲学。在这两门学科还没有确立的时候，对时间的思考早就开始了，这种思考可以一直上溯到上古的神话。在神话中，最具有原型意义的是创世神话，也就是宇宙创生的神话，这些神话不仅是文化人类学的研究对象，也是研究时间和空间观念

---

① 拉普普（Amos Rapoport），《住屋形式与文化》，张玫玫译，台北：境与象出版社，1979年，第23页。

的文化发生学的珍贵素材。从人类的前科学时代直到现代科学高度发达的今天，对时间的思索一直没有停止过。人们不得不承认，尽管人类已经把宇宙的范围拓展到二百亿光年以外，人们却发现自己对宇宙的无知似乎显得有增无减，这正如爱因斯坦那个令人不无悲观的比喻，即，如果把"已知"用圆圈表示，圈外是"未知"的话，则"已知"越多，圆圈就越大，圆周上接触的"未知"也就越多。在依赖于工具理性的科学不能回答的领域，我们往往仍然不得不求助于价值理性的产物——哲学、宗教、艺术等领域，古人在观念中的探索并没有因为科学的进步而失去其意义，宗教、神话中的宇宙观念遗留在人类的集体无意识中，至今还在影响着人类，并伴随着人类的历史塑造着人类物质和非物质的文化形态，其中当然也包括人类的建筑。

文化人类学对于人类原始思维中的时空观念做了许多研究：一方面，原始先民的物质与非物质遗产为这些研究提供了丰富的资料；另一方面，这些研究的成果又反过来帮助人们更深入地理解这些遗存。在先民们对环境加以改造的遗迹中可以看到早期的人类对于时间和空间的理解，这些理解今天看来有些已经荒诞不经，但是，其中许多观念已经转化为现代人的集体无意识，构成其文化底蕴的一部分，又在现代文化的物化形式——现代建筑中一再顽强地表现出来，因而，对原始先民时空观的研究也就不只是一种文化考古，其现实意义体现在今天建筑理论与实践的各个方面。

人文科学中关注时间问题最多的学科是哲学，举凡历史上的大哲，几乎无一不对时间有过终极追问和深刻的思考，因此，考察时间问题，就不可能绕开哲学。虽然在古代中国没有西方意义上的系统的哲学形态，但是中国式的哲思之睿智决不亚于任何一种文化，对时间问题的思考存在于"国学"的各种形态中，对中西方时间观念的考察也已经有许多专门著作，这里不打算重复这些工作。本书的立足点不是哲学，而只是企图从这些现有的哲学成果中寻求借鉴，力求对建筑中时间的意义有尽可能深刻的理解。

自然科学对时间的研究主要集中于物理学领域，但是这种研究不是孤立的。一方面，其研究成果往往影响到思想领域和文化领域，有时候，

图12 生物圈2号，为了科学研究而创造出的理想状态
图片来源：http://www.kepu.gov.cn/zlg/tuke/images/t168.jpg

这种影响甚至是革命性的;另一方面,思想文化领域又会对科学研究产生影响,从而共同构成人类的时间观念史。

自然科学和人文科学处理自己课题的方法是很不一样的①,如果说自然科学常常不得不将瞬息万变的现象捕捉下来,假设它们处于一种理想化的、静止的状态,或者干脆在实验室中创造出这么一种状态以便于研究的话②,那么人文科学则正好相反,它要保留和挽回人类对于过去时间的记忆,让记忆中的意义复活,即使他们也许永远也不能使之复原。

本书不敢奢想能够复原一个真实的历史,但是至少不愿意把时间和建筑的意义看作静态的对象,而是企图寻找特定的历史语境下二者的关系,尽管在今天看来,古人的一些观念是不够科学的,甚至是荒诞的。

本书将借助大量古代文献资料和现代考古资料以及文化人类学的一些成果展开研究。用艺术和文物为佐证研究建筑的意义,这种方法有些学者曾经尝试过,如台湾的汉宝德③,因为中国具有大小宇宙同构的观念和"制器尚象"的传统④,这种方法就更具可取之处。本书也会使用一些考古发现作为建筑研究的旁证。虽然很多人类学的理论还存在争议,但本书的任务不是解决这些争论,人类学著作中有很多第一手的资料,翔实可信而且生动活泼,在需要的时候,会在文中加以借鉴。

关于文献的处理,就中国传统建筑研究而言,专门讨论时间观念与建筑关系的著作还是一个空白,有关的论述散见于从古到今的文献中,虽然不成系统,但是材料之丰富繁杂足以让人望而却步。梳理这些材料是进行讨论和研究的前提,而且,前人的观念主要是靠这些文字保存下来的,本书的研究首先就要初步进行这种基础性的查找、考证和梳理工作,并进而在此前提下展开讨论,所以,本书对文献的大量引用就不足为怪了⑤。

---

① "人文科学没有这样的任务,无需捕捉转瞬即逝的东西,它们的任务是让失去生命的东西获得新生,要不然,这些东西仍旧会处于僵化状态。人文科学并不处理暂时的现象,并不让时间中止,而是进入了一个时间已经自动停息的领域,并且努力使时间重新运转。人文科学虽然盯着那些我所说的'源自时间长河'的静止不动的人类记录,但它们努力捕捉这些记录所赖以产生并成为现实状况的活动过程。"[美] E. 潘诺夫斯基,《作为人文学科的美术史》,曹意强,洪再新编,《图像与观念——范景中学术论文选》,广州:岭南美术出版社,1993年,第428~429页。
② 美国亚利桑那州沙漠中的"生物圈2号"就是这样一个人工建造的模拟地球生态环境的全封闭的理想化的实验场。
③ 汉宝德,《中国建筑文化讲座》,北京:三联书店,2006年,序。
④ 详见本书第二章。
⑤ 关于学术论文参考文献引用的种类——考据、集注、校勘、解释、相关、引证及其技术规范,见朱青生,《将军门神起源研究:论误解与成形》,北京:北京大学出版社,1998年,第10页。或朱青生,《十九札:一个北大教授给学生的19封信》,桂林:广西师范大学出版社,2001年,第97~104页。

第三节 选题的意义

对待传统和创新的关系大致有两种态度：一是破旧立新，一是复旧图新①。二者目标一致，都指向"新"，但由于途径相左，其最终的结果却是不同的。

在以现代观念为主流的当代中国社会，人人唯恐不够"现代"，甚至追求"现代"的人也时时自危落伍，即使在作为第三世界的中国，"后现代"研究也一度成为显学，甚至有人大喊"后后现代"以示前卫。"命名家们只好在幻念中不断地构筑'纸上的未来'，这就如给尚未受孕的婴儿所举行的隆重的'提前命名'仪式。后现代、后殖民、后寓言、后乌托邦、后新时期、后革命、后国学、后知识分子、新东方、新儒家、新保守主义、新启蒙……这些让人眼花缭乱的命名都齐刷刷地将矛头对准无辜的时间。②"坚持文化守成主义反而需要拿出比前卫者更大的勇气。传统遭受着一轮比一轮更猛烈的灭顶之灾，对物质遗产的大肆破坏屡禁不止，不少有识之士扼腕痛惜，但是，对非物质形态文化遗产的破坏引起的警觉却相对少得可怜，而思想、文化等无形传统的丧失却比物质文化遗产的丧失更加可怕，因为这是一个伟大民族灵魂的丧失。我们城市景观的混乱不正折射着我们思想的混乱吗？

吴良镛先生曾多次引用王国维的珠玑之句："中西之学，盛则俱盛，衰则俱衰。风气既开，互相推动。且居今日之世，讲究今日之学，未有西学不兴而中学能兴者，亦未有中学不兴而西学能兴者"③，实在是高屋建瓴的真知灼见，诚如王国维先生所言，即使对于倡导西化的人来说，偏重西学而不修中学恐亦难成功。

目前，理论界对当前中国建筑现状表示忧虑和不满乃至激烈批判的文字非常之多，但是，在牢骚发过之后，能提出兼具针对性、建设性、可行性意见的文字却如杯水车薪，虽然这些牢骚文字自有其价值，但是，于中国建筑发展和古代建筑文化的发扬光大的实际助益却是有限的。与其义愤填膺，不如冷静坐下来，做一些实实在在的研究，挖掘传统建筑文化中的优秀遗产，一方面能加深理解，凸显其价值，另一方面能对实际建筑创作

---

① "人文主义者反对权威，却尊重传统，不但尊重传统，而且将其视为真实与客观之物，必须对之进行研究，如有必要，还得复原，正如伊斯拉莫斯所云：'nos vetera instauramus, nova non prodimus,'［我们复旧图新］。"［美］E. 潘诺夫斯基，《作为人文学科的美术史》，曹意强，洪再新编，《图像与观念——范景中学术论文选》，广州：岭南美术出版社，1993年，第412页。
② 黄发有，《"命名"的时间游戏》，《东方艺术》，1998年第4期，第40～41页。
③ 吴良镛，《论中国建筑文化的研究与创造》，第6页。见高介华主编，《中国建筑文化研究文库》，武汉：湖北教育出版社，2003年。

有所启发。

　　鉴于中国传统建筑文化的博大精深，对中国古代建筑文化进行比较全面研究的著作就嫌不够，而就某一个专题进行深入整理和研究的工作更有很多要做。中国建筑历史悠久，对其文化层面的研究现状远远不能与它所达到的辉煌相称，特别是在当代的语境中对它的诠释更是有很多最基础的工作可以去做，与其一味地悲叹中国优秀文化传统的失落，或者空洞地赞美它曾经取得的辉煌，莫如从一些具体问题着手，做些扎实的研究，让中国传统建筑文化的价值确实能显现出来。

　　"建筑，作为文化载体，大于器物，早于典册，久于金石。从建筑入手，研究人类文化，本当顺理成章。"[①] 对建筑中时间观念的研究实质上是对建筑文化的研究，也就是对人类生存方式的研究，特别是人类精神生活的研究，这种研究有助于在建筑设计和解读各环节超越形式和构图等层面，把建筑作为一种文化对象而不是纯粹物质的构筑物来看待，更深入全面地理解其意义和价值，从而对纠正目前国内大量的精神内涵苍白乃至错乱的设计实践也许能有所助益。

---

① 张良皋，《开场——为立说而著书》，见《匠学七说》，北京：中国建筑工业出版社，2002年，第3页。

第一章 时间观念概说

第一节 时间难题

南宋理学家陆九渊（1139～1193）自"三四岁时，思天地何所穷际不得，至于不食。""后十余岁，因读古书至宇宙二字，解者曰：'四方上下曰宇，往古来今曰宙'。忽大省曰：'元来无穷，人与天地万物，皆在无穷之中者也。'乃援笔书曰：'宇宙内事乃己分内事，己分内事乃宇宙内事。'又曰：'宇宙便是吾心，吾心即是宇宙'。"① 虽然很少有人在三四岁时就具备陆九渊那样思考如此重大命题的天资，但是，一旦一个人开始意识到时间和空间，这种意识就会伴随其一生。

历代有无数文人骚客留下了对宇宙好奇的追问，其中最精彩华美的篇章莫过于屈原的《天问》：

"曰遂古之初，谁传道之？

上下未形，何由考之？
冥昭瞢闇，谁能极之？
冯翼惟像，何以识之？
……"

正如宇和宙关系是如此密切，以至于被合称为"宇宙"，时间和空间也是一对密切相关的概念，它们常常被合称为"时空"，

图 1-1　浩渺的宇宙
图片来源：www.phys.ncku.edu.tw/…/galaxysky_2mass_big.jpg

---

① ［宋］陆九渊，《陆九渊集·卷三十六》，北京：中华书局，1980年，第482～483页。

图1-2
"终有一死者"。卢浮宫的石棺
图片来源：本书作者摄

对时间和空间的理解构成了人类的宇宙观。人类的时空观念有一个漫长的产生和发展的过程，在远古的神话传说到文字的记载中，在人类生存方式的演变中，在浩如烟海的哲学、文学、绘画、建筑等历史遗存中，在人们的集体无意识中，到处都能够看到时空观念始终伴随人类的脚步，成为我们这些"终有一死者（die Sterblichen）"①一生挥之不去的体验。

时间意识和空间意识一样，从人类的童年时代起，就一直伴随着人们，各民族都有自己的创世神话。时间和空间问题是关于世界本原的问题，它对于人类具有终极意义，此在的在世从根本上是由时间出发去领会和解释存在的，离开了时间，此在就会陷入虚无，就无法领悟存在。正是因为领会到了时间，人类才产生了对虚无的恐惧，才产生了人之为人所独有的终极关怀，也才能够把自己送上本体论思考的漫漫征途。

但是，"时间究竟是什么？谁能轻易概括地说明它？谁对此有明确的概念，能用言语表达出来？可是在谈话之中，有什么比时间更常见，更熟悉呢？我们谈到时间，当然了解，听别人谈到时间，我们也领会。那末时间究竟是什么？没有人问我，我倒清楚，有人问我，我想

图1-3　威尼斯水巷中以死亡为主题的雕塑
图片来源：本书作者摄

---

① 海德格尔语。

说明，便茫然不解了。"①

　　这段有名的感慨被许多研究时间问题的著作征引，因为它确实说出了所有人的窘境：时间，这个看似平常的概念，在面对每一个心灵稍微认真的追问时，就会让人陷入茫然，甚至许多专门研究时间问题的学者也陷入了绝望②，就连《存在与时间》的作者，现象学大师海德格尔在对时间进行了一生的追问后，仍然表示自己对时间的无知，他认为自己不过是"思到中途"，时间一直是悬而未决的问题③。

图1-4　圭多·雷尼的壁画《曙光女神奥罗拉》。奥罗拉引导着太阳神阿波罗走上天空，新的一天开始了
图片来源：http://files.thinkpool.com/files/club/2005/02/11/Guido_Reni.jpg

　　电影《哈姆雷特》中，波隆尼尔有一句话："我要是谈什么君王的尊严、臣民的本分、何为天明天黑时间光阴，那才浪费时间，糟蹋光阴。"④本书谈论时间很可能也是在"浪费时间，糟蹋光阴"，但毕竟时间问题确实是个非常重要的问题，为此浪费时间还是值得的，尽管本书的探讨只能是关于时间问题的一些尚在中途的思考，不敢妄称结论。

　　讨论时间要从时间的通行定义说起。

　　目前国内主要辞书中对时间的解释是把时间看作一种物质的客观存在

---

① ［古罗马］奥古斯丁，《忏悔录》，周士良译，北京：商务印书馆，1963年，第242页。
② 英国的布劳德失望地说："人们都承认这是全部哲学中最困难的题目，有一句警敏的话：'我们不能了解时间，与其瞎说一阵，不如不了解它还好些'。"［英］布劳德（C. D. Broad），《时间、空间与运动》，秦仲实译，上海：商务印书馆，1935年，第69页。
③ 海德格尔说："什么是时间？或许会认为《存在与时间》的作者必定知道。但他不知道。所以他今天还在追问。"转引自吴国盛，《时间的观念》，北京：中国社会科学出版社，1996年，第249页。
④ "My liege, and madam, to expostulate, What majesty should be, what duty is, Why day is day, night is night, and time is time, Were nothing but to waste night, day and time."

形式①，在这一点上，时间和空间是一致的。时间和空间又有区别，空间是物质客体的广延性和并存的秩序，时间则被解释为物质客体的持续性和接续的秩序，时间和空间构成一个整体的系统，二者不可分离，是物质世界存在的框架。在现实世界中，空间与时间本来不可分离，并且，在人类早期，时空知觉是与物体及其运动纠葛在一起的，随着抽象思维能力的提高，人们才逐步形成空间和时间的观念，又经过很长的历史时期，才在理论研究领域抽象出这两个范畴，我们只能在观念上把二者分开来对待，在现实中，甚至在观念中完全割裂它们都是不可思议的。本书就时间问题的讨论是在承认时间和空间不可分割的前提下展开的。

时间和空间的联系是通过物质的运动达到的，由于运动是物质的基本属性，物质的运动是绝对的，静止是相对的，所以，也就没有脱离物质运动的时间，同样，也不存在脱离时间的物质运动。时间是无限与有限的统一。运动的物质世界在时间上无始无终，而具体运动的事物是有始有终的。一般认为，从空间和时间的形式上看，空间是三维的，时间是一维的。这种解释大致符合人们常识性的理解，即一般人的"时空观"——关于时间和空间问题的根本观点。

目前国内各种辞书上的解释是符合辩证唯物主义立场的②。其实，除这种立场之外，历史上曾经出现过许多迥然不同的时间观念，其中的合理成分和精辟见解也是不容轻易否定的。许多唯心主义者从精神第一性出发，否认时间和空间的客观性，把时间、空间看作是精神的产物。比如，康德（Kant, Immanuel, 1724~1804）认为，时间和空间是脱离物质的先天纯形式；黑格尔认为，"绝对观念"外化为自然界后才有空间，发展到人的精神活动阶段才有时间。形而上学唯物主义者虽然肯定时间和空间的客观实在性，但把时空看作脱离运动物质的独立存在，具有不变的特性，如牛顿的"绝对时间"和"绝对空间"，它们是物质运动的参照、背景和尺度。

对于时间的一般解释，即海德格尔所谓的"流俗的"理解，主要是把时间作为物理学意义上的一种存在。但是，物理学中所说的客观的时间和

---

① 如《现代汉语词典》对"时间"一词的解释为："①物质存在的一种客观形式，由过去、现在、将来构成的连绵不断的系统。是物质的运动、变化的持续性、顺序性的表现。②有起点和有终点的一段时间：地球自转一周的时间是二十四小时。盖这么所房子要多少时间？③时间里的某一点：现在的时间是三点十五分。"中国社会科学院语言研究所词典编辑室编，《现代汉语词典》2002年增补本，北京：商务印书馆，2002年修订第三版，第1143~1144页。
② 比如，恩格斯指出："一切存在的基本形式是时间和空间"，"时间以外的存在和空间以外的存在同样是非常荒诞的事"。恩格斯，《反杜林论》，北京：人民出版社，1972年，第49页。列宁也说："运动着的物质只有在空间和时间之内才能运动。"见列宁，《列宁全集》，北京：人民出版社，1957年，第14卷，第179页。

空间，有时跟人们主观意识中的时间和空间是不尽相符的。

康德认为，意识中的时间是归属于人心的主观形状，是先验的直观形式[①]，也就是说，时间在康德的视野中是一种人的先天直观形式，而不是牛顿眼中的物理学对象，也不是莱布尼茨所理解的"一种关系、一种秩序"，尽管康德否定时间的客观性，这是其理论的缺陷，但是，在时间和人之间建立密切的联系，强调时间以及时间领悟对于人的意义无疑是其学说的重大贡献。

现象学家英加登（Roman Ingarden，1893~1970）也谈到了这个问题，他认为，应该把"现象的，具有质的确定性的时间"和"用钟表测量的时间，尤其是物理时间"加以区别，这种现象学的认识方式实际上更加符合人们日常生活的经验。人们都会有这种经验，即时间有时候过得飞快，有时又慢得难以忍受，这往往取决于当时的心情和状态，取决于当时是游手好闲还是忙得要死。人们这种经验中的时间和时钟上显示的时间往往很难吻合，两种时间必须区别对待[②]。

在建筑研究领域，也有人涉及这个问题。如，吉底翁在《空间、时间和建筑：一个新传统的成长》中认为，以前人们普遍认为有两种时间：一种是现实的时间，它独立于观察者而存在和流逝，也独立于其他客体，同其他现象没有什么必然联系；另一种是主观的时间，它不能独立于某个旁观者，并且只能存在于感知的经验中。吉底翁宣称，现在，又有了另外一种认识时间的新方式，它具有重大的意义，其影响不能低估或忽略，这就是赫尔曼·闵可夫斯基在1908年提出的"时空连续统"，他说："从今以后，单纯的空间或时间注定要退隐到阴影中，只有二者的统一体才能够存在。"[③]

必须指出的是，区分两种时间并不是那种把时间看作主观的先天形式的唯心主义，这里所谓"主观的时间"是指对"客观时间"的主观感受，并非认为时间是纯粹主观的。

---

① 参看杨祖陶、邓晓芒，《康德〈纯粹理性批判〉指要》，长沙：湖南教育出版社，1996年，第80页。
② 英加登说："当我讲到一个'现在'或目前时刻时，我所考虑的并不是按照秒数和秒的分数来测量的时间。现象时间的时刻，如果一定要把他们同钟表时间相比较的话，在这种比较中必须看成是时间阶段，在测量它们时，它们就能够或'短些'或'长些'。具体经验的'时刻'之互相不同，是因为它们有着不同质的、独特的和（如柏格森正确地说的）不可重复的色彩。这种色彩显然首先是由占据这个时刻的东西所确定的，即由经验主体的经验领域中正在发生的东西确定的。这种色彩部分也是由已经过去的东西的回响和即将来临的东西的预告来确定的。"[波]罗曼·英加登，《对文学的艺术作品的认识》，陈燕谷、晓未译，北京：中国文联出版公司，1988年，第146页。
③ Sigfried Giedion. Space, Time and Architecture——The Growth of A New Tradition, Harvard University Press, fifth edition, 1982, p443.

这种把时间一分为二的理论也说明，不同研究领域要解决的问题虽然相关，却是不同的，物理学领域的时间虽然也同建筑不无关系，但是，意识中的时间，即人如何领会时间，才和作为文化的建筑关系更为密切，如果仅仅把时间理解为物理学意义上的时间，必然会把时间和建筑的关系看作一种牵强附会，甚至看作是伪命题，从而对建筑文化中的许多现象视而不见。但时间范畴所涉及的外延几乎是无限的，任何不加节制的泛化都是应当避免的，所以，这里要讨论的时间将主要涉及与人相关的时间，因为，这种与人相关的时间才更加具有丰富的意义，它作为一种文化因素积淀在建筑中。当然，这种对时间的一分为二不是绝对的，在有所区别、有所侧重的同时还要有所兼顾，正如下文所讨论的时间属性，有时候就很难绝对划归物理意义的时间或人们主观领悟的时间，这正是时间问题的复杂性。

另外，关于时间观念史的著作很多，本书就不在这方面浪费笔墨了。

第二节 时间的属性

事物的运动具有连续性和点截性，事物的运动是不间断性和间断性的统一①。这两种属性同样也属于时间，也就是说，时间除了具有连续性之外，也具有"点截性"。

在物理学领域的，时间是可以计量的。时间计量通常包含两层意思，一是时刻，二是时间间隔。时刻是指客观物质运动的某一瞬间，时刻是没有长度、没有面积、没有大小的点。时间间隔是指客观物质运动的两个不同状态间所经历的时间历程，是时刻之间的差值，是有长度的一截。这就是时间的"点截性"。

时间的"点截性"不只是适用于物理学领域，在人们的日常经验和观念中，也存在这种对时间的划分。但时间的"点"是人为抽象的结果，虽然人们大多相信存在着"刹那"，并经常将"把握现在"挂在嘴边，但当人们说到现在的时候，这个现在就已经成为了过去。

对待同样一个事件或者事物，从不同的视角出发，会得到非常不同的认识。比如，一场车祸对于它的当事人来说肯定是一个麻烦，但是，当事人不同的思维方式会导致他们不同的感受。爱发牢骚的人要大大感慨一番，如果事态不太严重，他还有暇感慨的话；一个社会学家就可能想到与交通有关的社会问题；而一个理性主义者，就可能想到物理学中发生的物

---

① 列宁在分析运动的本质时说："表达这个本质的基本概念有两个：（无限的）不间断性和'点截性'（＝不间断性的否定，即间断性）。"《列宁全集》，第38卷，北京：人民出版社，1958年，第283页。

体碰撞①。总之，对于人来说，事件或者事物总会有超出其本身的意义，而同一事件或者事物的意义对于人来说又是因人而异的。

对时间问题也是如此。亚里士多德开创的哲学和科学传统对待时间问题就是坚持一种自然科学的态度，他们把时间看作一种像自然科学的所有研究对象一样可以观察、研究和测量的东西。这种传统从亚里士多德一直延续到以史蒂芬·霍金（Stephen Hawking, 1942～）为代表的现代宇宙论。而胡塞尔（Edward Husserl, 1859～1938）和海德格尔等哲学家以及物理学家普利高津（Ikya Prigogine, 1917～2003）则对时间持另外一种理解。比如，在海德格尔那里，亚里士多德的时间是"非本真的时间"，而在普利高津那里，亚里士多德关于时间方向的观点也是错误的。

亚里士多德（Aristotle, 384～322 BC）的《物理学》中对时间的论述是西方第一部对时间进行详细解释的著作，他认为时间是可以测量的，这种观点基本上影响了后来几乎所有西方思想家对时间的认识，其中包括对时间问题给予极大关注的康德和柏格森。英国哲学家弗兰西斯·培根（Francis Bacon, 1561～1626）的《新工具》以"知识就是力量"的提法而闻名，虽然此书主旨是反对亚里士多德和经院哲学传统，倡导以观察和实验的方法对待自然，用归纳法进行科学研究，对于近代自然科学具有划时代的意义，但是，在对待时间的态度上，他和亚里士多德是如出一辙的。可以说，在时间问题上，他继承了亚里士多德的传统，他同样认为，正如可以用测竿度量空间那样，时间也是可以测量的。②

爱因斯坦的相对论尽管是革命性的，但是，他也并没有推翻亚里士多德的理论，即，时间和事件不但有关，而且"时间只因在它之中发生的事件而存在"，"时间就是其中发生着事件的东西"③。这种时间就像空间一样被当作虚无，空间包容着物体、能量，时间则包容着事件，时空被看作容器，看作背景，看作参照系，物理学对自然的把握是基于对这个参照系的计算和测量，时钟就是测量时间的工具，正如尺子是测量空间的工具。

时间之所以能够测量，是因为它被首先假定为均匀的、同质的，因而，其中任意两个点之间的时段就像线段一样成为可以测量的。反之，如果时间不具备均质性，也就失去了各时段的可比性，测量就没有意义了，这就好比问棉花和铁哪个更重一样不符合逻辑。

---

① 如潘诺夫斯基所说，"我说某人被汽车撞倒就等于是被数学、物理学和化学撞倒的时候，大可以说他是被欧几里德［Euclid］，阿基米德［Archimedes］和拉瓦锡［Lavoisier］撞倒的。"［美］E. 潘诺夫斯基，《作为人文学科的美术史》，曹意强，洪再新编，《图像与观念——范景中学术论文选》，广州：岭南美术出版社，1993年，第428页。
② 详见［英］培根，《新工具》，许宝骙译，北京：商务印书馆，1984年。
③ ［德］海德格尔，《时间概念》，载《海德格尔选集》，孙周兴选编，上海：上海三联书店，1996年，第9页。

图1-5 逝者如斯。电影《十分钟年华老去》在每一个10分钟的短片之间重复出现水的图像
图片来源：影片截图

图1-6 以爱因斯坦相对论为题材的艺术作品
图片来源：http://blog.freetimegears.com.tw/mrsturtle/archives/21090610.JPG

时钟用来测定现在这一时刻，这一变动不居的点，从这个点出发，指向以前或以后某点的长度就是时间的长度。这种描述是基于一种形象的体验，而这种形象得自于空间意象，它实际上是从三维空间观念中借用来的，最常用的空间意象是河流，所谓"子在川上曰：'逝者如斯夫，不舍昼夜！'"[1] 并且，这条时间之流如果用科学的眼光看是均质的、单向的、不可逆转的[2]。由于认定时间是现在的前后相继，康德认为，时间只有一个维度[3]。相信这一描述符合现在大多数人的日常认识，甚至爱因斯坦的"时空连续统"也把坐标 t 作为一

---

[1] 《论语·子罕第九》。
[2] "均质化是把时间等同于空间，等同于纯粹的在场；这是一种把所有的时间从自身中驱赶到当前中去的趋势。时间完全被数学化了，变成了与空间坐标 x、y、z 并列的坐标 t。"[德]海德格尔，《时间概念》，载《海德格尔选集》，孙周兴选编，上海：上海三联书店，1996年，第22页。
[3] [德]海德格尔，《时间与存在》，《海德格尔选集》，孙周兴选编，上海：上海三联书店，1996年，第672页。

个维度和空间维度相提并论,人们把它叫做"第四维"。

按照牛顿的观点,世界上存在"空无一物"的"绝对空间"和"空无一事"的"绝对时间",这种想法曾经被大多数人接受。但是,将自然科学上所说的空间、时间和物质当作彼此独立、互不相干的东西来讨论,是根本不可能的。只是,这种把时空和物质相联系的见解在西方是在相对论产生后才被广泛接受的。按照西方人传统的见解,空间和时间是能够彼此分离的,而且它们都能和物质分离。尽管亚里士多德、R·笛卡儿(Réné Descartes,1596~1650)、莱布尼茨(Gottfried Wilhelm Leibniz,1646~1716)和黑格尔等人提出"关系论"的时空观,认为空间和时间都是事物之间的关系,是相对的,而不是独立存在的实体,事物本身就是时间性的,任何形态的物质客体都具有广延性和持续性,这种广延性和持续性也就是空间和时间,但牛顿的"实体论"时空观长期统治着科学界,直到相对论出现,空间、时间与事物之间的联系才被科学所揭示,从而在西方开始被普遍接受。正是在相对论出现之后,时间和空间被合在一起称作"四维空间"的说法才在西方广为流行,但这种表述是有特定适用范围的。

在物理学和天文学领域,所谓的"四维空间"是仅限于空间领域的。比如,德国莱比锡大学物理学和天文学教授策尔纳(Johann Karl [Carl] Friedrich Zollner,1834~1882)1877年提出了"第四维空间理论",认为如果现实空间不是三维的,而是还有一个未被注意的第四维的话,许多灵学谜团就可以解释了,虽然到目前为止,没有证据表明现实空间不是三维的①。1880年,英国作家艾勃特(E·A·Abbott,1838~1926)

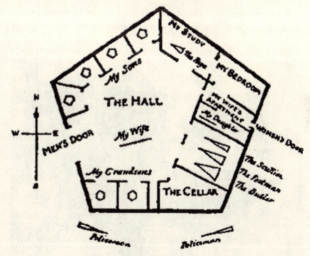

图1-7 《扁平国:多维的故事》中,方形、三角形、五边形、六边形,这些扁平国里的二维居民住在二维的房间里

图片来源:http://devmike.com/blog/images/Squares_house_seen_from_Sphereland.gif

---

① 刘华杰,《理性的彷徨:介入"超科学"的著名科学家》,见 http://www.yamgroup.com/magazine/200108/010802-1.htm. 2006-01-07.

出版的小说《扁平国：多维的故事》还讲述了一个发生在二维空间中的故事，当其中的主人公——叫做方形 A（A Square）的男人被一个来自三维世界的圆球带入三维世界时，他请求圆球再带自己到四维世界中去看看①。小说激发了读者的奇思妙想，但现实中有没有四维空间对于人类来说仍然是不得而知的。

在网络时代，问题更加复杂，"www"（world wide web）在汉语中被叫做"万维网"，在虚拟的空间中，由于非线性的链接方式提供了无穷的可能性，时间和空间的维度都变成无法穷尽的了，当然，这又是另外一个问题，尽管我们因此获得了一种全新的视角，虚拟空间中的维度和现实空间中的"四维空间"还是应该区别对待的。

虽然"四维空间"的说法强调了时间和空间的联系，但是，把时间和空间完全等同起来，或者说把时间直接叫做空间是有些唐突的，毋宁说，这种说法只能看作一种从时间到空间的转换，看作一种修辞，时间被比喻为一种空间。在西方现代艺术中有一种存在于"四维空间"中的雕塑，即活动雕塑，实际上也只是雕塑作品在三维空间和一维的时间中运动，而在建筑中说到"四维空间"则往往是为了描述人在建筑的三维空间中随着时间的脚步移动，经历空间的变化，随之在心理感受和想象中构造一种"四维空间"。尽管在时间和空间中的运动是绝对的，静止是相对的，没有脱离空间的时间，也不存在离开时间的空间，但是，从物质本体和人类日常理解的能力上看，空间的第四个维度是非常难以想象的。历时性的时间和共时性的空间虽然联系紧密，但是，它们毕竟是不同的。从这一点来说，诺伯格·舒尔茨拒绝加上时间成为四维空间的说法还是

图 1-8　卡德尔的活动雕塑
图片来源：http://www.the-bear-den.com/travel/2004 08 Cruise/Barcelona/Miro museum Calder mobile.JPG

---

① E. A. Abbott, Flatland: A romance of many dimensions. Dover Publications, Unabridged edition. 1992. 此书尚未见中文版本，英文电子版可查看 http://www.geom.uiuc.edu/~banchoff/Flatland/. 2006. 3. 3.

有道理的。

所以，在使用"四维空间"概念的时候不能过于随意，对于上述两种不同的用法要有明确的区分，避免把一种比喻手法和科学概念的使用相混淆。而把时间叫做"第四维"，作为和三维空间相提并论的维度，则是可以接受的，正如中国的"宇宙"是把"宇"和"宙"并列，不会抹煞二者的区别。①

不过，海德格尔关于时间维度的说法与众不同，他的"本真时间"不是这种一维的可以测量的现在序列。他认为，时间原始地就没有长度。②而关于时间的维度，他认为，时间是三维，甚至是四维的③！

海德格尔说："时空现在被命名为敞开，这一敞开是在将来、曾在和当前的相互达到中自行澄明的。"④ 由于这种达到是"相互"的，从而就不能看作是单向的、一维的，而是三维的"三重达到"，所以，海氏认为本真的时间是三维的。甚至"三维时间的统一性存在于那种各维之间的相互传送（Zuspiel）之中，这种传送就把自己指明为本真的在时间的本性中嬉戏着的达到，仿佛就是第四维——不仅仿佛是，而且从事情而来就是如此。""本真的时间就是四维的。"⑤ 这种说法简直是惊世骇俗的、颠覆性的，特别是对西方线性的、形而上学的时间观来说。

海德格尔哲学虽然颠覆了"流俗的"一维时间观，他从存在论的立场阐述了时间和存在的关系，指出了流俗的、物理学的时间的缺陷，但是他并没有完全否定人们日常的时间体验，并且，海德格尔的"此在关于时间的言说是从日常状态出发来谈论的"⑥。海德格尔把时间分为"自然时间"和"世界时间"，这种"从日常状态出发来谈论的"时间就是"自然时间"，"自然时间"和"世界时间"不是非此即彼的、相互排斥的，相反，前者是理解时间的出发点和"基地"⑦。本书讨论的中国古代时间观念自然

---

① 关于空间维度的讨论，可参见：孟彤，《多维的城市》，载于中国美术家协会环境艺术设计委员会等编《"为中国而设计——第二届全国环境艺术设计大展"研讨会及论文集》，北京：中国建筑工业出版社，2006年，第191～195页。
② [德] 海德格尔，《时间概念》，载《海德格尔选集》，孙周兴选编，上海：上海三联书店，1996年，第19页。类似地，法国哲学家柏格森的"真时"也是不可度量的。
③ 当代建筑师莱姆·库哈斯也坚持时间多维的观点，他的许多建筑，如CCTV新址大楼就是这种时空观的体现。[美] 莱斯大学建筑学院编，《莱姆·库哈斯与学生的对话》，裴钊译，北京：中国建筑工业出版社，2003年：第53页。
④ [德] 海德格尔，《时间与存在》，《海德格尔选集》，孙周兴选编，上海：上海三联书店，1996年，第676页。
⑤ 同上书，第677页。
⑥ [德] 海德格尔，《时间概念》，载《海德格尔选集》，孙周兴选编，上海：上海三联书店，1996年，第23页。
⑦ "迄今为止，人们长期以来所熟悉和讨论的自然时间已经为时间之阐释提供了基地。"同上书，第13页。

也离不开这个"基地"。

所以，尽管上文区别了两大类对时间的理解方式，但是，在实际生活中，这二者往往很难被清晰地区别对待。不过，对这种区别保持清醒认识还是非常必要的，因为，一方面，人都是世俗的人，难免"流俗的"认识，另一方面，作为文化的人，又不能缺少对"本真"进行严肃追问的维度。

再谈谈时间的"方向性"。

人们理解的时间有方向性，他们描述这种方向性时借用空间性词汇：前和后，即未来和过去，现在则对应于"这里"。

在西方，对于时间的方向有两种理解方式，一种理解来自亚里士多德，另一种来自柏拉图①。

按照亚里士多德的理解，时间是一系列现在的次序，它上面的时段是可精确测量的，时钟被用来确定现在所处的时刻，过去和未来都以"现在"钟表上的时刻为参照。时间序列的参照基点是"现在"，以"现在"为基点向前或向后看，从而区分出将来和过去。时间主要地被看作一种物理对象，只是在同各种事件相关时才具有附加的意义。

牛顿是亚里士多德的继承者，他把亚里士多德的时间、空间和运动关系用物理学的公式表述了出来，时间的正负方向不影响其公式的有效性。即使在扬弃了牛顿力学的爱因斯坦那里，时间的方向性也没有实质性的意义，他认为，过去、现在和未来之间的分别只不过是一种幻觉。时间的方向性对于伽利略、牛顿和爱因斯坦的科学公式是无所谓的，到普利高津那里，时间的方向性才成为一个"刻骨铭心的主题"②。

而按照柏拉图的观点，时间却是一种动态的生成而非僵死的存在，一种"它曾是"和"它将是"，它是活的。

存在主义哲学家胡塞尔和柏拉图的观点有一脉相承之处，他把经验到的现在叫做"现前域"（Präsenzfeld），当下的意识以"前摄"（Protention）和"滞留"（Retention）的方式展开到未来和过去，展开的范围取决于注

---

① 参见［德］克劳斯·黑尔德，《胡塞尔与海德格尔的"本真"时间现象学》，倪梁康译，载《中国现象学与哲学评论（第六辑）·艺术现象学·时间意识现象学》，上海：上海译文出版社，2004年，第97～116页。
② 爱因斯坦说，"对于我们有信仰的物理学家来说，过去、现在和未来之间的分别只不过有一种幻觉的意义而已，尽管这幻觉很顽强。"吴国盛，《20世纪的自然哲学和科学哲学：突现时间性》以及《普利高津时间与霍金时间》，《现代化之忧思》，北京：三联书店，1999年，第176～179页、第190～195页。普利高津的论述详见：伊利亚·普利高津，《确定性的终结：时间、混沌与新自然法则》，湛敏译，上海：上海科技教育出版社，1998年。

意力投射的程度,这和布劳德"牛眼灯"的比喻是很类似的①,其中,当下是"活的当下",它处于不停的生成当中。不同的是,在后来的贝尔瑙手稿中,胡塞尔不再从当下出发理解前摄和滞留,而是相反,从前摄和滞留的关系来规定当下,时间的方向发生了逆转。到海德格尔那里,时间的基点被定在将来②。作为"到达"的将来"递达并端出"曾在,时间的方向是从将来指向过去的。

中国人的时间也是有方向的,并且,古人描述时间的方向也是借用的空间性词汇。如邵雍解释《伏羲六十四卦方位图》时说:"八卦相错者,相交错而成六十四卦也,数往者顺,若顺天而行,是左旋也,皆已生之卦也,故云'数往'也。知来者逆,若逆天而行,是右行也,皆未生之卦也,故曰'知来'也。夫易之数,由逆而成矣,此一节直解图意,若逆知四时之谓也。"③ 时间的"顺逆"由"古往今来",即时间的"来""往"方向所确定,不过,顺逆的参照不是人,也不是现在时刻,而是"天","顺天而行"和"逆天而行"都是以天为参照的意思,由于"天道左旋",顺天的方向自然也是左旋,逆天自然就是右旋,"旋"字也揭示出中国古代理解的时间是按照圆周轨迹而不是单向直线运动的,也就是对时间的"圜道观"。这种时间观来自

图 1-9　云南大理诺邓古村的玉皇阁大殿藻井由 32 块彩绘木板按照八卦方位拼成,木板上绘制有二十八星宿和相应的星座,中间天窗的四角画着乾、坤、震、兑四卦
图片来源:本书作者摄

---

① 正如布劳德生动形象的表述:"我们自然而然地要承认世界的历史乃无数事件而有一定的次序。根据这点,且以固定的方向,我们以为'现在'的特征是活动的,差不多像巡警的牛眼灯放出光亮在巡视街上各屋的前面。正望着的是现在,已经望过的是过去,尚未望到的是未来。……这种类似在某些目标上或许有用处,可是明明白白地并未解释出什么来。就此见解言,这一组事件有一固有的次序,却无固有的意义。"[英]布劳德,《时间、空间与运动》,秦仲实译,上海:商务印书馆,1935 年,第 40 页。
② "将来存在作为当下此在之可能性给出了时间,因为它就是时间本身。"[德]海德格尔,《时间概念》,载《海德格尔选集》,孙周兴选编,上海:上海三联书店,1996 年,第 19~20 页。
③ 《皇极经世书·卷十三》,《文渊阁四库全书电子版》,上海:上海人民出版社、迪志文化出版有限公司,1999 年。

对天象和自然界物候变化的认识，正如《礼记·月令》所说："凡二十八宿及诸星，皆循天左行一日一夜为一周天"，所谓的周天就是一种圆周上运行的时间，它同西方经典物理学中的时间是极为不同的。

第三节 时空的共性与关联：转换的可能性

"四维空间"的说法揭示出了时间和空间的关联，也暗示出二者相互转换的可能性，很多学者都曾经意识到了这一点，比如：

池田大作（1928～）和阿诺尔德·J·汤因比（Amold J. Toynbee, 1889～1975）在他们的对话中都表示了对时间的空间化的认同[1]，实际上，在日常经验中，人们对于时间的感受、描述和测量往往都是借助于空间的，甚至有人曾经用一个立方体的容器形式建立了一个时间经验的空间模型，这个模型中同时容纳了时间和空间[2]，而相反的做法，即用时间为空间建立模型却是令人难以想象的。

时间和空间各自的属性一一对应，这就为时空的相互转换提供了可能性。在众多涉及这一问题的论述中，叔本华（Arthar Schopenhauer, 1788～1860）的总结清晰全面，很有必要在此引用：

"第一，只有一个时间，所有不同的时间都只是这唯一时间的部分。只有一个空间，所有不同的空间只是这唯一空间的部分。

第二，不同的时间不是同时的而是继起的。不同的空间不是继起的而是同时的。

第三，时间不可能被思想清除掉，但所有的事物均可被思想从时间中清除掉。空间不可能被清除掉，但所有的事物均可被思想从空间中清除掉。

第四，时间有三个方面，过去、现在和未来，它们构成了两个方向和一个中性的中点。空间有三维，高、宽、长。

第五，时间是无限可分的。空间是无限可分的。

第六，时间是均匀的连续统，它的任何一部分都与其他部分没有差

---

[1] 池田大作说："柏格森把时间看成单纯持续的'流动的时间'。的确，流动的时间已经空间化了。"汤因比也曾指出："我们之所以能测定时间，是依靠空间现象的感知而感觉到每天昼夜的转化和每年四季的变化。"［英］汤因比、［日］池田大作，《展望21世纪：汤因比与池田大作对话录》，荀春生等译，北京：国际文化出版公司，1997年第2版，第330～332页。

[2] 尼莫罗夫（Howard Nemerov, 1920～1991）描述的这个模型是："一个在空间中被隔绝起来而又充满了时间的立方体，纯粹是时间，经过精练的、被蒸馏出来的、改变了本性的时间，没有任何特性，甚至连尘埃也没有……"所以，阿恩海姆明确宣称："确实可以肯定，从时间形态向空间形态的转换会发生。尤其在视之为以同时性来替代历时性时是如此。"［美］鲁·阿恩海姆，《艺术心理学新论》，郭小平、翟灿译，北京：商务印书馆，1994年，第102～103页。

别，任何非时间的东西都不可能将部分时间与时间连续统分开。空间是均匀的连续统，它的任何一部分都与其他部分没有差别，任何非空间的东西都不可能将部分空间与空间连续统分开。

第七，时间没有开端和终点，但所有的开端和终点都在时间中。空间没有界限，但所有的界限都在空间中。

第八，凭借时间我们计数。凭借空间我们测量。

第九，节奏只存于时间之中。对称只存于空间之中。

第十，我们先天的知道时间的法则。我们先天的知道空间的法则。

第十一，时间可以被先天的感知，尽管以一条直线的形式出现。空间可以被先天的直接感知。

第十二，时间没有持久性，转瞬即逝。空间从不流逝，在一切时间中持存。

第十三，时间从不停息。空间从不运动。

第十四，一切在时间中存在的事物都有绵延（duration）。一切在空间中存在的事物都有位置（position）。

第十五，时间没有绵延，但所有的绵延都在时间中，它是与时间之不息运动相比照的持存不变性。空间没有运动，但所有的运动都在空间中，它是与空间之静止相比照的位置之变动。

第十六，所有的运动唯有在时间中才有可能。所有的运动唯有在空间中才有可能。

第十七，在相等的空间中，速度与时间成反比。在相同的时间中，速度与空间成正比。

第十八，时间不能通过自身而被直接测量，只能通过在时间和空间中的运动间接地测量：比如，太阳和钟表的运动测量时间。空间可以通过其自身而被直接测量，也可以通过时间和空间中的运动间接地测量：比如，一个小时的行程，以光年表述恒星距离。

第十九，时间是无处不在的（omnipresent），时间的所有部分同时存在于空间各处。空间是永恒的，它的每一部分永存。

第二十，在时间中，一切事物排成一个序列；在空间中，一切事物是同时的。

第二十一，时间使事情的变化得以可能。空间使实体的持存得以可能。

第二十二，时间的每一部分包含物质的所有部分。空间的各部分不包含相同的物质。

第二十三，时间原则上是独一无二的。空间原则上是独一无二的。

第二十四，此刻没有绵延。点没有广延。

第二十五，时间自身是空洞的，没有性质。空间自身是空洞的，没有性质。

第二十六，每一时刻以之前的时刻为先决条件，只是在之前的时刻中止存在时才存在（时间之中的充足理由率）。由于空间中任一界限的位置都相对于其他界限而定，它相对于任何可能界限的位置因而被确定（空间之中的充足理由率）。

第二十七，时间使算术得以可能。空间使几何得以可能。

第二十八，算术之中的简单元素是单位。几何之中的简单元素是点。"①

由于时间和空间各种属性间所具备的对应关系，借助空间来描述时间就是更加顺理成章的了。基于时空属性的对应关系，通过从时间到空间的转换，人们才能更形象地把握和表达时间感。人们区别空间及空间中物质的方式同区别时间及时间中发生的事件的方式是很相似的，时间的绵延对应于空间的延广，时间的长短相当于空间尺度的长短，时间的先后相当于空间的前后，而时间上的同时相当于空间上位置的完全重叠，时间上的现在时刻类似于空间上的此处，时间上的一组事件具有某种先后的次序，空间中的物体也具有特定的位置关系。

图1-10
德国画家丢勒的版画《忧郁》中，一个少女正在苦思冥想，墙上的沙漏象征着她思考的时间主题
图片来源：http：//www.newbt.net/bbs/attachment/Mon_0606/24_8319.jpg

由于相对于人的感知而言，时间不像空间那样可以被视觉、触觉等感官所把握，时间对于人来说不具有一个相应的感觉媒介，对时间的感受只能存在于思维中。康德把空间和时间看作先验的直观形式，其中，空间属于"外部感觉的形式"，时间则属于"内部感觉的形式"②。"外部感觉的形式"靠感官就可以直接感知，而"内部感觉的形式"则只能在内心体验，没有办法看到、听到或者摸到，要传达这种感觉，就要借助从"内部感觉的形式"到"外部感觉的形式"的转换，然后借助其他可以被感官直

---

① 转引自吴国盛，《时间的观念》，北京：中国社会科学出版社，1996年，第163～166页。
② 康德认为，"感性的纯粹形式称作纯粹直观（Anschauung）；这种形式有两个，即空间和时间，一个是外部感觉的形式，一个是内部感觉的形式。"［英］罗素，《西方哲学史》，马元德译，成都：四川人民出版社，1998年，第290页。

接感知的事物或事件，才能把相应的内心体验传达出来。比如，借助描述时针的运动、某些事件的发生发展过程，人们才能描述时间的长短，人们常说"一袋烟的工夫"、"一顿饭时间"等，就是借人们对某种日常活动一般所需时间的经验来描述时间。

图1-11 伽利略探测器1992年拍摄的地球与月球合影（NASA）
图片来源：http：//www.cosmoscape.com/content/solarsys/earth/PIA00342.jpg

光线也常常充当这种媒介。汉语中，光景、光阴、时光、日高三丈、日上三竿、日薄西山等词汇说明了古人对时间和太阳光线之间联系的感悟。《汉书·天文志》载司马迁等人造太初历："定东西，立晷仪，下漏刻，以追二十八宿相距于四方。"至少从汉代开始，根据日影计时的日晷就已经被官方用来记时。时间就是人们对自然界的光源——日月相对于地球的运行规律的抽象，各民族的历法无一不来自对这种规律的认识。"光阴"一词之所以被用来表示时间，是因为古人认为，从太阳产生的光影变化和月亮的阴晴圆缺中产生了阴阳两极，即"太极生两仪"，也就是《礼记·礼运》所说："是故夫礼，必本于太一，分而为天地，转而为阴阳，变而为四时，列而为鬼神。"《黄帝四经·十大经》也讲得清楚："无晦无明，未有阴阳，阴阳未定，吾未有以名。今始判为两，离为四时。"日照处为阳，日影处为阴；白天为阳，黑夜为阴；春夏为阳，秋冬为阴。"光阴"即"阴阳"，即太阳赋予时间变化

图1-12 拙政园的花砖甬道上，光影就像时间的脚步，静静地掠过，不留下一点痕迹
图片来源：本书作者摄

39

的视觉表象,所以,借助"阴阳"观念,"光阴"转换成时间概念。

在日常生活中,人们往往用日影记时而不借助仪器,比如,《新唐书》有一段翰林学士李程的故事,讲的是唐德宗时翰林院厅前有花砖甬道,"学士入署,常视日影为候,程性懒,日过八砖乃至,时号'八砖学士'。"① 所以,人们后来以"八砖影转"表示姗姗来迟。借日影测定时间至今仍然是日常生活中很常用的方法。

时间和空间的这些对应关系符合人们的日常认识,在语言中,到处都能见到基于这些时空对应而用空间表述时间的现象。如远古、中古、近古、近代、前天、后天等等,这一点在下一节还要述及。

除了语言,在很多艺术门类中都有这种用空间表示时间的现象,建筑也不例外,由于空间语言是建筑的主要语言,在建筑中表达时间就更加有赖于这种转换。

当然,尽管中国古代关于时空转换的观念与相对论有某些方面的巧合,我们也不能一厢情愿地夸大前者的所谓科学性。中国古代建筑对时间观念的体现不可能基于现代科学,古人是以一种朴素的眼光发现了时间和空间的联系,并在建筑实践中用自己特有的方式表达着这种认识。中国的先哲和爱因斯坦的共同之处是,他们看待世界的眼光是整体的、普遍联系的,这使得他们和爱因斯坦走到了一起。叔本华归纳的时空关联有些并没有被古人认识到,甚至有些认识还是很不同的,但是,这并没有妨碍他们自觉或不自觉地利用这些关联在语言、器物、建筑等方面进行着时空的转换。

第四节 汉语语境中的时间

在甲骨文中就已经有了很多与时间有关的文字②。汉语中涉及时间的词汇极为丰富,仅王海棻编著的《古汉语时间范畴词典》一书中就有将近600页,约80万字,收录了上起甲骨文,下迄晚清的3000多个记时词语,例句约万条,而这些词汇仅仅是难以计数的记时词语中的一部分,恐怕很难再找出一种事物曾经用这么多的词汇来表达了。

在《古汉语时间范畴词典》中收录的汉语记时词语中,有些词是单纯表示时间的,如:晨、昏、昼、夜、朝、暮、早、晚等;有些则是借助其他词性的词组合构成,其中,有借助基数词和序数词构成的词:三更、三春、四时、孟春、孟夏、孟秋、孟冬、千秋、千岁、万岁、万代;有借助动词构成的,如:来年、来日、来时、来春、来古、去年、去岁、去月、去日、去夜等;有借助空间性的方位名词组合而成的词:后年、后晌、后

---

① [宋]欧阳修、宋祁,《新唐书·列传第五十六·宗室宰相》。
② 到目前为止,有关论著大约有60余篇,主要是从天文历法和文字考释两个方面进行研究。见王娟,《甲骨文时间范畴研究》,西南师范大学汉语言文字研究所硕士学位论文,2004年。

岁、后时、后世、后夜、后天、近年、近时、近日、近岁、前年、前春、前日、前时、前夜、前岁、上古、上年、上日、上秋、上午、上旬、午前、午后、中午、下午、下古、下旬、先时、先日、正午、中古、中秋、中夕、中夏、中宵、中夜等，如上一节所言，这种对空间性词汇的借用来自时间和空间属性的对应性；有借助代词组合的词汇：此时、彼时、这时、那时、此夕、此宵、这晚、那晚、那顷、是时、是日、是月、他年、他日、他时等；有借助副词表示已然或将然的时间状态，如：几望、既望、将旦、将暮、将晓、向明、向秋、向暮、向午、向夕、向晓，这类词往往暗示着时间的方向性；有借名词构成的词语：冰月、蚕月、灯夕、花时、菊月、兰时、麦秋、霜旦、霜日、霜月等；有反义词或首尾连用的词汇，如：晨昏、昼夜、朝暮、早晚、晨昧、晨夕、古今、旦暮、旦夕、今昔、昏旦、早晚、朝夕、迟早等；有借助物体的运动构成的词汇，如：转漏、转景、转烛；等等①。

可见，汉语中记时词语的构成手法极为丰富，以至于形成令人咋舌的一义多词现象，仅仅表示早晨的词汇就达上百个，这种现象不只是说明语言的复杂性，更说明时间与人类的息息相关，人类对时间的感悟、理解、计量以及寓于记时词语中的人类活动都说明，时间是人类文化的载体，它负载了丰富的意义，而不仅仅是一种物理意义上的存在。

由于语言是人类思想的载体，透过这些记时词语，就可以了解古人对时间的认识。比如，时间的"点截性"在很多词语中就有体现。

对年、月、日这些时段的划分就通过众多词语得以表达：

对一年的时段划分有最早的春秋二季，后来又有"四时"，即春、夏、秋、冬，古代也把朝、昼、夕、夜称为四时，如《左传·昭公元年》："君子有四时，朝以听政，昼以访问，夕以修令，夜以安身。"农历中把一年划分成"八节"，即：立春、春分、立夏、夏至、立秋、秋分、立冬、冬至。再进一步划分，先民将本年冬至到次年冬至整个回归年时间平分成12等分，每个分点称为"中气"，再将中气间的时长均分为二，其分点叫作"节气"。十二中气和十二节气统称为"二十四节气"，战国末期二十四节气名称已全部产生，在汉代太初历中正式用于历法，沿用至今。四季中的每一季又分别用孟、仲、季标示成三部分。

对每个月的时段划分有上、中、下旬，有朔望月，还有《尔雅·释天第八》中用十二天干进行划分的方式："月在甲曰毕，在乙曰橘，在丙曰修，在丁曰圉，在戊曰厉，在己曰则，在庚曰窒，在辛曰塞，在壬曰终，在癸曰极"，等等。

---

① 参见王海棻，《古汉语时间范畴词典》，合肥：安徽教育出版社，2004年。

古代对一日时段的划分主要依据太阳的运行，具体的划分方法也很多。《黄帝内经·素问·生气通天论》把一天分为"平旦、日中、日西"三个时段："平旦人气生，日中阳气隆，日西而阳气已虚，气门乃闭。"还有分成四个、五个、十二个时段等方式，如《黄帝内经·灵枢·顺气一日分为四时》："岐伯曰：春生夏长，秋收冬藏，是气之常也，人亦应之，以一日分为四时，朝则为春，日中为夏，日入为秋，夜半为冬。"该书还分昼夜为旦（朝）、昼（日中）、夕（日入）、夜（夜半）四个时段。白居易的《偶作二首》写道："一日分五时，作息率有常"，其中的"五时"指日出、日高、日午、日西、日入。《黄帝内经·素问·金匮真言论》分为平旦、日中、黄昏、合夜、鸡鸣五个时段，《黄帝内经·素问·藏气法时论》则分别为平旦、日中、日昳（dié）、下晡（bū）、夜半。"时辰"是根据昼夜太阳起落及活动变化而确定的划分一天时段更详细的方法，时辰包括十二时和十二辰。十二时是指平旦、日出、食时、隅中、日中、日昳、下晡、黄昏、合夜、人定、夜半、鸡鸣；十二辰是指按照十二地支划分的子时、丑时、寅时、卯时、辰时、巳时、午时、未时、申时、酉时、戌时、亥时。

在更大的尺度上，也有对时间的划分，如《西游记》开篇就说："盖闻天地之数，有十二万九千六百岁为一元。将一元分为十二会，乃子、丑、寅、卯、辰、巳、午、未、申、酉、戌、亥之十二支也。每会该一万八百岁。"①

这些时段是通过时点来分割的。虽然以计时为目的的时段划分是均匀的，但古代中国人的历法绝非单纯的计时手段，时段和时点都被赋予了很多意义和价值，即"时用"，并因其价值不同而不再是均质的。

《周易·节·象》说："天地节而四时成。节以制度，不伤财，不害民。"王船山解释道："节，竹节也，有度以限之而不逾也。"所以，《周易校注》的作者认为："其实应该在《周易》的《节》卦所附《象传》末尾加上这样的话：'《节》之时用大矣哉！'"② 这是对时间划分的解释，把时间划分为"节"，得到四时和二十四节气，每一节各有其用，就是"时用"。

并且，时段的分割和时间的持续是统一的。《周易·恒·象》就有："日月得天而能久照，四时变化而能久成，圣人久于其道而天下化成。"正是由于四时的分割和变化才使得时间的流逝永无止境。

在中国的时间观念中，对于时间"点截性"的理解是和神圣的天相关

---

① ［明］吴承恩，《西游记》第一回。
② 陈戍国，《周易校注》，长沙：岳麓书社，2004年，第148页。

的,时间常被叫做"天时",天时虽然神圣,但是,它却具有与人的生存息息相关的实用价值。

儒家经典中有许多关于"时"的论述,这些"时"就是"天时",是具有特定意义的时点。其中,有很多观点被认为具有生态思想而被今人重新阐释。比如:

《论语·学而》的"使民以时";《中庸》的"时使薄敛,所以劝百姓也;……朝聘以时,厚往而薄来,所以怀诸侯也";《荀子·不苟第三》的:"与时屈伸";帛书《二三子》的:"君子务时","时至而动","时尽而止之以置身"等①。

孟子曾对梁惠王说:"不违农时,谷不可胜食也;数罟(gǔ)不入洿(wū)池,鱼鳖不可胜食也;斧斤以时入山林,材木不可胜用也。谷与鱼鳖不可胜食,材木不可胜用,是使民养生丧死无憾也。养生丧死无憾,王道之始也。五亩之宅,树之以桑,五十者可以衣帛矣。鸡豚狗彘之畜,无失其时,七十者可以食肉矣。百亩之田,勿夺其时,数口之家可以无饥矣。"②

《礼记》载:"曾子曰:'树木以时伐焉,禽兽以时杀焉。'夫子曰:'断一树,杀一兽,不以其时,非孝也。'"③

《荀子·王制》也说:"故养长时则六畜育,杀生时则草木殖,政令时则百姓一,贤良服。圣王之制也,草木荣华滋硕之时则斧斤不入山林,不夭其生,不绝其长也;鼋鼍(tuó)、鱼鳖、鳅(qiū)鳝(zhān)孕别之时,罔罟(gǔ)毒药不入泽,不夭其生,不绝其长也;春耕、夏耘、秋收、冬藏,四者不失时,故五谷不绝而百姓有余食也。污池、渊沼、川泽谨其时禁,故鱼鳖优多而百姓有余用也;斩伐养长不失其时,故山林不童而百姓有余材也"。

由于对天时的这种理解,中国古代对时段的划分就不是物理学意义上的对时间对象的分割和测量,它负载了上至国家社稷,下至百姓生活各个层面的人文意义。

---

① 此处《二三子》的引文见邢文,《帛书周易研究》,北京:人民文学出版社,1997年,第234页。
② 《孟子·梁惠王上》。
③ 《礼记·祭义》。

第二章 时间和建筑

第一节 空间型和时间型：艺术类型之辩

目前的学科体系主要是按照研究对象分类的，而所有这些研究对象，都具有时间和空间上的规定性，所以，人们就可以把研究人类社会行为时间属性的科学，归属到历史学，把研究自然和人类空间属性的科学，归类于物理学，例子不一而足。这种分类方式也被用到了艺术领域。

在西方，莱辛在《拉奥孔》中最早提出了空间艺术和时间艺术的区别[①]。以画和诗为例，他认为，不同的艺术形式要依靠不同的媒介，这些媒介可以分为空间性和时间性的两大类；相应地，艺术的表现对象也可以分为空间性和时间性的两大类。而他认为，艺术媒介要与其表现的对象具有时间或空间属性上的对应性，于是，在预设了这样一个前提的情况下，他按照自己的逻辑得到结论，即空间艺术不能表现本质上是时间性的存在，同样，时间艺术也不能表现本质上是空间性的存在，空间艺术和时间艺术是隔离开来的[②]。莱辛的论点是对以希腊诗人西摩尼德斯（Simo-

---

① 戈麦斯认为，直到1898年，"空间艺术"的观念在西方才真正出现。见童明，《空间神化》，《建筑师》，2003年第5期，第19页。此说不确，《拉奥孔》1776年已经出版。
② 莱辛说："我的结论是这样：既然绘画用来模仿的媒介符号和诗所用的确实完全不同，这就是说，绘画用空间中的形体和颜色而诗却用在时间中发出的声音；既然符号无可争辩地应该和符号所代表的事物互相协调，那么，在空间中并列的符号就只宜于表现那些全部或部分本来也是在空间中并列的事物，而在时间中先后承续的符号也就只宜于表现那些全体或部分本来也是在时间中先后承续的事物。""绘画所用的符号是在空间中存在的，自然的；而诗所用的符号却是在时间中存在的，人为的。"[德] 莱辛，《拉奥孔》，朱光潜译，北京：人民文学出版社，1979年，第82页，第171页。

nides，公元前556年～公元前466年）为开端的"诗画一致说"的挑战①。

莱辛的这个逻辑推导过程看起来是很严密的，所以，在很长一个时期内，人们未曾对他预设的前提提出任何怀疑，就接受了他的这种用时空为标准来区分各门艺术的观点。比如，黑格尔在其《美学》中就采纳了这种区分②。他逐个分析了各门艺术的时空属性："依这个标准，建筑就被看成结晶，雕刻就被看成是材料的感性和空间性的整体，把材料刻划为有机体的形状，绘画就被看成着色的平面和线条；而在音乐里，空间就转变为时间的点，本身自有内容；以至最后在诗里，外在素材完全降到没有价值的地位。此外，各种艺术的也可分别以从它们的时间和空间的抽象属性去看。"③ 他认为，由于音乐和诗已经摆脱了对感性材料和空间性的依赖，更加接近他所推崇的"理念"，所以，是更加值得推崇的艺术形式。从他的论述中可以看到，虽然他接受了莱辛对空间艺术和时间艺术的划分，但是，他并没有绝对地把二者分隔开来。他认为，在音乐里，空间可以转变为时间的点，这种结论显然是出于他深刻的辩证法思想。

图2-1　"时基"媒体。《世纪对话2005·飞越之线——第二届北京国际新媒体艺术展暨论坛》上的新媒体艺术

图片来源：本书作者摄于中华世纪坛

直到现代艺术大行其道的时候，划分空间艺术和时间艺术似乎仍然是一件不言而喻的事。如，H·H·阿纳森

---

① 西摩尼德斯提出了著名的观点："画是一种无声的诗，诗是一种有声的画。"或译为"画为不语诗，诗是能言画"。持"诗画一致说"比较重要的人物还有贺拉斯、温克尔曼等人。
② 黑格尔说："绘画对于空间的绵延还保留其全形，并且着意加以摹仿；音乐则把这种空间的绵延取消或否定了，并且把它观念化为一个个别的孤立点。"［德］黑格尔，《美学》第一卷，朱光潜译，北京：商务印书馆，1979年，第111页。"感性材料出现在音乐里一般只凭它的运动的时间长度而不凭它的占空间的形式。一个物体的每一运动固然也总要在空间中出现，因此绘画和雕刻尽管所表现的人物形象在实际上是静止的，却仍有权去表现运动的外貌，而音乐却不利用这种空间性去表现运动，所以剩下来让它表现的就只有物体往复运动所占的时间。"见［德］黑格尔，《美学》第三卷（上），朱光潜译，北京：商务印书馆，1979年，第358页。
③ ［德］黑格尔，《美学》第一卷，朱光潜译，北京：商务印书馆，1979年，第113页。

的名著《西方现代艺术史》认为:"绘画、雕塑和建筑是空间艺术,由于这个原因,在探讨 20 世纪或者其它任何时期的艺术时,就要分析艺术家对空间组织所持的态度,这是一个根本。"①

在现代西方艺术界,还有一种莱辛表述的现代翻版,就是将音乐、电影、舞蹈等艺术体裁,特别是多媒体时代以电子数据形式存在的视频、音频、动画等以对时间的操控为主要手段的媒体形式,称为"时基"媒体(time - based media),照此说法,建筑、雕塑艺术等以对空间和体量为主要操控对象的艺术也就可以叫做"空基"媒体(space - based media)了。

中国古代也有人认识到了艺术中时间、空间两种类型的区别,如明末清初的徐沁就说过:"盖琴之妙在于抚弦卷指之间,及鼓罢而音亡,了无可传矣;况求弈于推枰敛子之后,是何异于醒而说梦乎。惟书画则不然,得心应手虽难易之不同,要皆有可寻之迹。"② 有趣的是,时间型的音乐艺术只能存在于有限的时间段,在停止演奏之后,就只能在记忆中短暂重现了;而空间型的书画艺术却能够跨越历史的长河,更持久地流传于世。

图 2-2　丢勒的版画表现了焦点透视的原理
图片来源:http://www.phil - inst.hu/~lehmann/LEKEP1.JPG

把空间艺术与建筑相对应的看法,在西方古典建筑中尤为适用。西方古典建筑注重立面的表现,对建筑立面的观看要求在建筑外部进行,建筑是外向的,它展示给人看,而且,观者处于和建筑两相对峙的位置,这符合西方焦点透视的习惯,由于焦点透视要求静止的视点,时间的流动在古典建筑的观赏中常常是被忽略的,建筑体验主要是一种空间体验。从这种意义上说,西方的古典建筑中,时空是分离的。

---

① [美] H·H·阿纳森,《西方现代艺术史》,邹德侬等译,天津:天津人民美术出版社,1986 年,原序。
② 于安澜编《画史丛书》(三)之 [清] 徐沁撰,《明画录·序》,上海:上海人民美术出版社,1963 年。

歌德（G. W. Goethe，1749～1832）说过，"建筑是冰冻住了的音乐"①，谢林（F. Schelling，1775～1854）也称建筑为"凝固的音乐"，德国浪漫主义作家、音乐家霍夫曼（E·T·A·Hoffmann，1776～1822）还有一句："音乐是流动的建筑"。这种譬喻

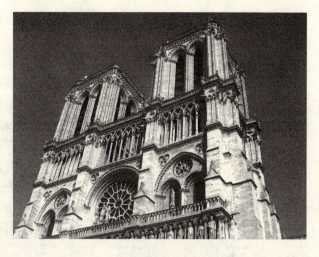

图 2-3
"凝固的音乐"：巴黎圣母院
图片来源：本书作者摄

在于说明西方建筑中形式因素的韵律感，这种韵律感被"凝固"在物质的建筑材料上，而真正的音乐却无法获得物质实体，它永远处在不断消逝的时间之流中。在这些思想者不无惊诧地道出了建筑和音乐相通之处的时候，非但没有证明在他们那里时间和空间的相通，相反，这种建筑和音乐之间的比较方式却是基于他们对时空的分别，况且，一旦音乐被凝固的话，也就不成其为音乐了。

划分空间型和时间型艺术的前提是认定空间和时间是同一个层次的两个并列的，因而具有可比性的范畴，虽然这种划分未必否认空间和时间的联系，但是，其出发点是强调二者的区别，正如莱辛所说："绘画用来模仿的媒介符号和诗所用的确实完全不同，这就是说，绘画用空间中的形体和颜色而诗却用在时间中发出的声音。"这种"完全不同"就否定了寻求二者联系的企求。这就反映出中西文化一个非常明显的不同，那就是，虽然中国文化也有二元对立的思维方式，并且"二元对立毫无疑问在中国文化居于中心地位（centrality）"，但是，"中国人倾向于把对立双方看做是互补的，而西方人则强调二者的冲突。"② 所以，在西方进行空间型和时间型艺术的划分的时候，中国人正在从事着一种把诗书画印综合在一起的艺术。中国的山水画绝非单纯的空间艺术，它讲究"饱游饫看"③，这一"游"和"看"的过程是贯穿于时间进程中的。中国的建筑艺术更不例外，

---

① 见宗白华，《中西画法所表现的空间意识》，《艺境》，北京：北京大学出版社，1986 年，第 110 页。关于建筑和音乐关系的讨论见于［希腊］安东尼·C·安东尼亚德斯，《建筑诗学》，周玉鹏，张鹏，刘耀辉译，北京：中国建筑工业出版社，2006 年，第 303～319 页。

② ［英］葛瑞汉，《论道者：中国古代哲学论辩》，张海晏译，北京：中国社会科学出版社，2003 年，第 378～379 页。

③ 语出《林泉高致·山水训》，［宋］郭熙撰，［宋］郭思编，《林泉高致集》，台北：台湾商务印书馆，1983 年影印本。

如果说欣赏中国绘画艺术是一种心灵的"坐游",那么,欣赏建筑艺术的过程则是一种亲身经历的真正的"饱游饫看",一种在时间进程中对空间的体验。

空间型和时间型艺术的划分虽然揭示出艺术种类间的区别,但是,对这种划分方式不应该不假思索地接受。即使对于最典型的时间型艺术——音乐来说,也有人否定其与时间的某种联系。比如,阿多诺(Theodor·W·Adorno,1903~1969)就说:"举个确切的例子,那就是时间是不容置否的构成音乐的要素。但是,对实际的音乐来讲,没有再比时间更不重要的东西了。在倾听音乐的过程中,音乐连续统一体(musical continuum)之外部的时间事件依然是外在性的,并不冲击或侵害音乐时间。""经验时间之所以是一种干扰,只是因为它与音乐时间的质性差别所致,也就是说,因为它不是同一个连续统一体的组成部分。"①

在聆听音乐的过程中,人们很少会想到时间,尽管音符按照先后顺序发出,在我们的感觉中,声音也并非从过去流向将来。也不会有人说,舞蹈演员是不断地从过去跳往将来,或者说从将来经过现在跳到过去,他们只是按照一定的顺序表演着各种动作。同样,在对建筑的体验中,人们是很少由空间的变化想到时间的,甚至在有强烈的空间序列感的北京故宫参观的间歇,人们往往会惊讶地发现,时间竟然不知不觉地过去了很久。在这个过程中,人们能够感受的是由空间序列导致的时序感,顺序虽然和时间相关,但它们不是一回事,正如数字可以形成序列,但不能说数字或者数字序列具有时间性,建筑空间可以形成序列,但同样也不能说建筑是时间性的或由时间建构的,它仍然是由空间构成的。这里,建筑同数字有一点很不同,即建筑是艺术,它可以表现很多物质空间之外的东西,它虽然不能用时间作建筑材料,但它却能表达人们的时间观念,正如它同样能表达其他各种观念一样。也正是因为这一点,建筑作为一种文化创造同建筑

图2-4 讲究"饱游饫看"的中国山水画。宋代画家马远的《踏歌图》
图片来源:http://www.esgweb.net/Html/ld-mh/shan-shui/PICS/088.jpg

---

① [德]阿多诺,《美学理论》,王柯平译,成都:四川人民出版社,1998年,第241页。

材料的堆砌有了质的区别。

所谓空间型艺术和时间型艺术的划分，只是以人们习用的时空框架去对艺术加以分类，这种有很大争议的分类方式只是从时空这个特定的角度归纳不同艺术门类的特征，并不能代替对各类艺术本身特质的

图2-5 巴黎歌剧院室内。音乐厅的空间与声音效果有直接关系
图片来源：本书作者摄

研究，正如所有大而化之的概括和分类行为都有犯错误的危险。这种对艺术类型的划分也不能否认空间型艺术可以表现时间，或者时间型艺术可以表现空间，实际上，时间一直是各种艺术要表现的重要主题，甚至有学者认为："两千多年，也许比这还要长，古今中外艺术家一直挣扎着要表现的，无论什么题材什么技法什么媒介，就是时间。"① 建筑艺术自然也不能例外，时间因素是不能回避、无法排除的。

不加讨论地接受空间型艺术和时间型艺术这种分类方式是过于轻率的，特别是这种分类被绝对化和简单化时，就会抹煞艺术的丰富性，也会像《拉奥孔》那样，认为空间手段"不能表现本质上是时间性的存在"。

实际上，这种二元对立的分类方式对于大多数艺术是不完全适用的，拿所谓时间型艺术——音乐来说，音乐厅空间的形态、演员和听众的空间

图2-6 "空间型"的绘画艺术不但能表现共时性的空间景象，而且也能表现历时性的事件。莫奈的《干草垛》表现了特定时刻的阳光效果
图片来源：http://www.ibiblio.org/wm/paint/auth/monet/haystacks/wheatstacks.jpg

---

① 傅刚、费菁，《逝者如斯》，载《都市档案》，北京：中国建筑工业出版社，2005年，第242页。

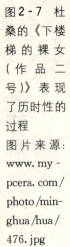

图2-7 杜桑的《下楼梯的裸女（作品二号）》表现了历时性的过程

图片来源：www.my-pcera.com/photo/minghua/hua/476.jpg

位置关系与声音效果有直接关系，发烧友的音响设备也极为讲究位置的摆放，以追求一种高保真的"立体声"效果，这种音效具有丰富的空间层次，很难说是一维的①；再拿所谓的空间型艺术——建筑来说，撇开其背后涉及的时间观念不论，单从建筑的形式语言上看，空间的位置分布必然要尊重人的使用要求，按照一定的时间顺序加以安排。以居室为例，门厅必然设在入口处，而不可能放在厨房里，这是功能对建筑空间使用顺序上的要求。极为讲究空间序列的中国传统建筑，特别是群体性的建筑，就更能体现时间的重要性。

这很像电影艺术，电影是按照时间节奏展开的系列画面，按照电影大师希区柯克（Alfred Hitchcock, 1899～1980）的说法，"难道一个导演的首要工作，不正是压缩和拉长时间吗？"② 电影更多地被看作时间艺术。建筑的使用和观赏过程其实和电影很像，二者都需要在时间进程中展开空间场景，只不过，建筑中需要人亲自置身其中，而电影则由摄影机代劳，把场景记录下来，让观众坐在椅子上跟随摄影师的脚步在空间中漫步，同时体验"压缩和拉长时间"所带来的艺术效果。从这个意义上说，把建筑看作借助时间序列而展开的空间艺术，或者看作借助空间序列而展开的时间艺术都是未尝不可的。

---

① 《时空重组：巴赫〈平均律键盘曲集〉新解》的前言正确地阐述了音乐中时间维与空间维的关系："……音乐的组织改造，在于时间维与空间维的结合。从时间维衡量，音乐是个过程，在时间中展开，依存于时间的进行之中。无论古典的现代的、民间的专业的，音乐的时间维是不可避免的。所有与过程有关的参数，线条、过程、组织、延伸为复调的过程、音色的过程、和声的过程、调性的过程，都与时间维度相关；而纵向同时出现的音程、和弦、音色、音响、音集（即音高组织），则均与空间维度相关。音乐的历时性与共时性的关系，是决定音乐构造组织的决定要素。所谓'时空重组'，就是将音乐要素进行分离解析，在时空两维进行重新组合。"见赵晓生，《时空重组：巴赫〈平均律键盘曲集〉新解》，上海：上海音乐出版社，2005年，前言第2～3页。

② 见袁玉琴，《从三维空间到四维复合——论电影时间》，《文艺理论研究》，2001年第4期，第67页。

第二节　中国古代的宇宙模型

时空观实际上就是宇宙观。

宇宙、时空和世界三个词古代汉语中的意思是相当的：

"世界"出自佛教用语，《楞严经》说："世为迁流，界为方位，汝今当知，东、西、南、北、东南、西南、东北、西北、上、下为界，过去、未来、现在为世。"可知"世界"最早是指宇宙，后来才引伸为人间、世间、园地、领域等意思。

"宇宙"现在一般是指天地万物的总称，特别是在现代天文学和天体物理学中。其实，它更准确的用法是指时间和空间。《淮南子·原道训》说："紘宇宙而章三光。"高诱注："四方上下曰宇，往古来今曰宙，以喻天地。"

可见，世，即宙，即时间；界，即宇，即空间。"世界、宇宙、时空"三者大致是一回事。

关于"宇宙"，按照现代天文学和天体物理学的观点，是指广漠的空间和其中存在的各种天体以及弥漫物质的总称。这种观点实际上只涉及到空间和其中的物质，并不全面，而物理学中以及汉语中的"宇宙"则包括时间和空间。在经典物理学中，它在空间上是没有边界的，在时间上是没有始终的，部分为人们所见，大部分为人们观测所不及。它是一个物质世界，处于不断运动、发展之中。

早在战国时期的《尸子》的说法甚至比现代天文学和天体物理学中惯常的用法还要全面："四方上下曰宇，古往今来曰宙"。这种对"宇宙"的理解一直是得到后世公认的，在很多典籍中能见到类似的表述。如：《庄子·庚桑楚》说："有实而无乎处者，宇也。有长而无本剽者，宙也。"《淮南子·齐俗训》也说："往古来今谓之宙，四方上下谓之宇。""四方上下"指的是空间，"古往今来"指的是时间。①

《墨子·经上第四十》提出："久，弥异时也。宇，弥异所也。""久，古今旦莫。宇，东西家南北。穷，或不容尺，有穷。莫不容尺，无穷也。尽，但，止动。始，时或有久，或无久，始当无久。""久，有穷，无穷。"这里的"宇"是指一切具体场所的总和，"久"是指一切具体时刻的总和，也就是空间和时间。"久"是"有穷，无穷"的统一，虽然时间作为一个整体是无限的，但是，它的某一点和某一段又是可以把握的。这种对时间和空间的高度抽象以及对时空属性的认识已经达到一个非同寻常的高度，

---

① 《管子学刊》1998年第2期的《〈管子·宙合〉》辨析》认为，《管子》的"宙"是空间，墨家也不用宙表示时间，而用"久"，作者不同意尹知章根据尸子之言而认为"古往今来为宙"的观点。对此说法本书无力深究，仍用公认的观点。

这种"有穷"和"无穷"相统一的立场甚至比后来东汉张衡《灵宪》中说的"宇之表无极，宙之端无穷"更具辩证精神，《中国大百科全书·哲学卷》说《墨子》"还不能从特殊的可感知的实物中抽象出一般的时空概念"是值得商榷的。

"宇宙"在中国文化中有内在、外在宇宙，以及大宇宙、小宇宙之分。内在的宇宙存在于人的身体和心灵，也就是小宇宙，天地万物是外在于人的大宇宙，大小宇宙遵循同样的法则，并且它们之间不是隔绝的，小宇宙的生存之道是顺应大宇宙的"天道"，小宇宙在物质和精神上都应该与大宇宙合而为一，人在天地万物之中，天地万物也在人的心中，通过对大宇宙的体认，摄取大宇宙的生命精神，充实小宇宙的生命，同时，小宇宙的充实又会让大宇宙的生命更加充盈，个体的小宇宙成为永恒的大宇宙的一部分，达到"天人合一"的境界。也就是孟子说的"万物皆备於我矣。"①

佛家也有这种大小宇宙的说法，如《心是莲花开》："一花一天堂，一草一世界。一树一菩提，一土一如来。一方一净土，一笑一尘缘。一念一清净，心是莲花开"，"一花一世界，三藐三菩提"，等等。

图2-8 心是莲花开（河北正定大佛寺佛像）
图片来源：本书作者摄

这种大小宇宙相分别的观念其实在其他文化中也是存在的，如古代印度宗教也有大小宇宙对应的观念，他们的宇宙、住房、身体是同构的。甚至在倾向于天人分立，以自然为征服对象的西方，也曾经出现过这种观念。比如，英国诗人威廉·布莱克（William Blake，1757～1827）有诗《天真的预言术》云：

"一花一世界，
一沙一天国，
君掌盛无边，
刹那含永劫。"②

(To see a World in a

① 《孟子·卷十三·尽心上》。
② 李叔同译。见宗白华，《中国艺术意境之诞生》，《美学散步》，上海：上海人民出版社，1981年，第68页。

Grain of Sand, And a Heaven in a Wild Flower, Hold Infinity in the palm of your hand, And Eternity in an hour.)

还有，意大利的帕拉塞尔苏斯（Paracelsus，原名 Auroleus Phillipus Theostratus Bombastus von Hohenheim，约 1493～1541）学说就明确主张大小宇宙和天人合一之说，其创立者帕拉塞尔苏斯被作为另类的医生和"科学圣人"，他短暂的一生一度带给西方思想界电闪雷鸣般的震撼，他包罗万象的学说建立在统一的思想基础上，这基础就是天人合一学说。李约瑟认为，帕拉塞尔苏斯和中国的道家有许多观点不谋而合，帕拉塞尔苏斯学派的罗伯特·弗拉德（Robert Fludd，1574～1637）的两极对立学说和中国的阴阳学说也十分相似。① 尽管存在这些相似之处，中西方文化的取向毕竟是不同的。帕拉塞尔苏斯学派在《圣经》的启示录中寻求真理，以及把上帝看作是宇宙中的化学家，而宇宙就是其实验室的观点把西方文化的注意力引向了神秘主义和实验科学，并最终背离了天人合一的观念，而中国走的却是完全不同的路径。只有在中国，天人合一的观念才发展到如此精致、成熟、博大精深的地步，确立了中国天人关系的取向，并贯彻古代文化始终。②

《周易》把宇宙间万事万物分成八大类，即八卦。八卦体系可以看作天地万物的抽象，自然界的事物、社会和家庭系统等都能和八卦对应：

"乾为天，为圆，为君，为父，为玉，为金，为寒，为冰，为大赤，为良马，为老马，为瘠马，为驳马，为木果。

坤为地，为母，为布，为釜，为吝啬，为均，为子母牛，为大舆，为文，为众，为柄，其于地也为黑。

震为雷，为龙，为玄黄，为旉（fū），为大途，为长子，为决躁，为苍筤（làng）竹，为萑（huán）苇。其于马也，为善鸣，为馵（zhù）足，为作足，为的颡（sǎng）。其于稼也，为反生。其究为健，为蕃鲜。

巽为木，为风，为长女，为绳直，为工，为白，为长，为高，为进退，为不果，为臭。其于人也，为寡发，为广颡，为多白眼，为近利市三倍，其究为躁卦。

坎为水，为沟渎，为隐伏，为矫輮（róu），为弓轮。其于人也，为加忧，为心病，为耳痛，为血卦，为赤。其于马也，为美脊，为亟心，为下首，为薄

---

① 刘鹤玲，《帕拉塞尔苏斯学说：西方文化传统中的天人合一》，《方法》，1997 年第 9 期，第 13～14 页。
② 据说，当霍夫曼（Hofmann）问美国抽象表现主义画家杰克逊·波洛克（Jackson Pollock，1912～1956）为什么不更多地师法自然的时候，他回答说："我就是自然。（I am nature.）"见 John Carlin 和 Jonathan Fineberg 拍摄的影片《Imagining America: Icons of 20 th - Century American Art》。这种把自己和自然相统一的态度大概得自他游历日本的经历，在西方，人们很少有这种立场。

蹄，为曳。其于舆也，为多眚，为通，为月，为盗。其于木也，为坚多心。

离为火，为日，为电，为中女，为甲胄，为戈兵。其于人也，为大腹。为乾卦，为鳖，为蟹，为蠃（luǒ），为蚌，为龟。其于木也，为科上槁。

艮为山，为径路，为小石，为门阙，为果蓏（luǒ），为阍（hūn）寺，为指，为狗，为鼠，为黔喙之属。其于木也，为坚多节。

兑为泽，为少女，为巫，为口舌，为毁折，为附决。其于地也，为刚卤。为妾，为羊。"

人体是个小宇宙，身体各个部位和八卦都能对应："乾为首，坤为腹，震为足，巽为股，坎为耳，离为目，艮为手，兑为口。"①

图 2-9 人体是个小宇宙。西藏博物馆中一幅用人体表现大地的绘画
图片来源：俞孔坚，《曼陀罗的世界——藏东乡土景观阅读与城市设计案例》，北京：中国建筑工业出版社，2004 年，第 31 页

人的面部则是个更小的宇宙，面部的每个部位分别对应着自然界的"五星六曜五岳四渎"。

大、小宇宙的这种对应和同构的关系在万事万物中都存在，各种事物之间都可以类似地进行比附。比如，建筑和身体之间也存在这样的关系，如《宅经》所说："宅以形势为身体，以泉水为血脉，以土地为皮肉，以草木为毛发，以舍屋为衣服，以门户为冠带。若得如斯，是事俨雅，乃为上吉。"古人认为，建筑如能按照身体的结构模式进行安排，就会达到像健康的身体那样的理想状态。

天地神人和万物同质同构，不但构成万物的基本物质是相同的，而且，这些物质之间可以相互生克，相互转换，都遵循同样的法则。

最近的科学研究也发现，不但人体的物质构成元素和地球上的元素相同，而且，其构成的比例竟然也极为接近，人体血液和地壳中的元素含量曲线惊人地相似。这一发现从另外一个角度证明了中国"天人合一"理论中朴素的科学性。

---

① 《周易·说卦传》。

人体血液和地壳中的元素含量曲线对照表格　　　　表 2-1

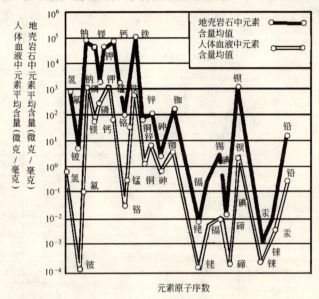

本表来源：朱铭、董占军，《壶中天地——道与园林》，
济南：山东美术出版社，1998年，第6页

中国古代的宇宙起源论是一种有机整体的起源论，整个宇宙的所有组成部分都属于同一个有机的整体，而且这些组成部分一起在一个自发自生的生命程序之中互相作用。所以，"圣人"就能效法这些天地变化之道，"是故天生神物，圣人则之；天地变化，圣人效之；天垂象，见吉凶，圣人象之；河出图，洛出书，圣人则之。"①

《周易》还强调人的能动作用："天地设位，圣人成能。"② 协同天地，化育万物。在人类社会建立尊卑有序的秩序就是效法

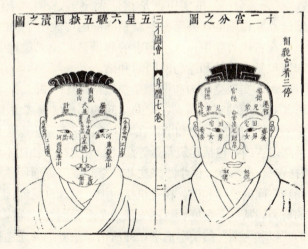

图 2-10
《五星六曜五岳四渎之图》
图片来源：
[明]王圻、王思义，《三才图会》，上海：上海古籍出版社，1988年，第1474页

---

① 《周易·系辞上》。
② 同上书。

天道变化的途径，建筑也不能例外，它的秩序要和社会的层级秩序相协调，才能反映天道并且协助天地、社会、家庭乃至个人顺应天道，有序运转。

大小宇宙结构的对应关系　　　　　　　　　　表2-2

阴阳	阳	阴	阳	阴	阳	阴	阳	阴	阳	阴
五行	木		火		土		金		水	
八卦	震	巽	离	艮	坤		乾	兑	坎	
十天干	甲	乙	丙	丁	戊	已	庚	辛	壬	癸
十二地支	寅	卯	午	巳	辰戌	丑未	申	酉	子	亥
五脏 六腑	胆	肝	小肠	心	胃	脾	大肠	肺	膀胱	肾
五方	东		南		中		西		北	
五季	春		夏		长夏或"四季"		秋		冬	
五气	风		热暑		湿		燥		寒	
五味	酸		苦		甘		辛		咸	
五音	角		徵		宫		商		羽	
五色	青		赤		黄		白		黑	
六神	苍龙		朱雀		勾陈	螣蛇	白虎		玄武	

表格来源：褚良才，《周易·风水·建筑》，上海：学林出版社，2003年，第34页

"天人合一"的实质就是相信大宇宙、小宇宙不但同构，而且能互相感应，互相影响，甚至根本就是同一的，大小宇宙的和谐是互相决定的。

在古代哲学中，大小宇宙的和谐是"象天法地"的依据和目标，这种和谐包括空间的和谐与时间的和谐。

为了实现空间的和谐，在物质创造中，古人常常用自己的物质产品模仿其观念中的宇宙模式，借助空间的同构实现"象天法地"。

为了实现时间的和谐，在人生方面，常常根据生辰八字与宇宙时间的关系测定吉凶，包括建筑营造等活动的人类行为往往也要选择特定的时机，即"择吉"。风水术、医学、宗法和社会制度等方面所追求的和谐则更多地是时间和空间的整体和谐。在建筑空间中试图体现时间因素，以及追求时空统一的努力，从这个角度看就不能认为是牵强附会，而应当认为是追求天人和谐的"以和为美"的美学追求，即所谓"乐者，天地之和也。"[①]

许多神话、宗教直至现代天文学都推断，宇宙有一个从混沌到有秩序、

---

① 《礼记·乐记》。

有结构的演化过程,与此相仿,人类对宇宙的认识过程也是从混沌中整顿出结构和秩序的过程。我国古代关于宇宙结构的学说主要有盖天说、浑天说和宣夜说,即《晋书·天文志》所载:"古言天者有三家,一曰盖天,二曰宣夜,三曰浑天。"

盖天说,即"天圆地方"说,大约始于西周前期,最早见载于《周髀算经》:"环矩以为圆,合矩以为方,方属地,圆属天,天圆地方。""天象盖笠,地法覆槃。天离地八万里。"冯时先生认为在前4500年这种观念已经产生①。而从汉代画像石上所见的伏羲执规、女娲执矩的形象可以推测,在更加久远的神话中就有了"天圆地方"的观念。这种观念还见于多处文献记载,如《楚辞·天问》说:"圜则九重,孰营度之?"《淮南子·天文训》:"天道曰圆,地道曰方。"这种观念在很多民族都曾经存在过,比如,越南的京族人也有天圆地方的观念,他们认为,大地像个大方盘子,天空像一只大碗②。

浑天说,始于战国时期,主要记载于东汉张衡的《浑天仪注》:"浑天如鸡子,天体圆如弹丸。地如鸡子中黄,孤居于内,天大地小。……天之包地如壳之裹黄。"

宣夜说,始于战国时代,见载于《晋书·天文志》:"宣夜之书亡,惟汉秘书郎郗萌记先师相传云:天了无质,仰而瞻之,高远无极,眼瞀精绝,故苍苍然也。譬之旁望远道之黄山而皆青,俯察千仞之深谷而窈黑,夫青非真色,而黑非有体也。日月众星,自然浮生虚空之中,其行其止皆须气焉。是以七曜或逝或住,或顺或逆,伏见无常,进退不同,由乎无所根系,故各异也。故辰极常居其所,而北斗不与众星西没也。摄提、填星皆东行,日行一度,月行十三度,迟疾任情,其无所系著可知矣。若缀附

图2-11
故宫收藏的天文仪器
图片来源:
本书作者摄

---

① 参见冯时著《中国天文考古录》、《中国古文考古学》二书以及《河南濮阳西水坡45号墓的天文学研究》。
② 张玉安,《东南亚神话的分类及其特点》,《东南亚纵横》,1994年第2期,第12页。

天体，不得尔也。"宣夜说认为天是无边无涯的空间，其中充满了气，日月星辰飘浮其中，《列子·天瑞篇》记载的"杞人忧天"的故事就是基于这种认识。宣夜说虽然很早就失去了影响，但这一学说却是最接近现代天文学所认识的宇宙结构的。

三种说法中，盖天说的影响最为广泛，对古代建筑的影响也最大。

第三节　建筑即宇宙——象天法地以造物

1."宇宙"的词源学考察

在古代汉语中，"宇宙"二字的本义并非我们现在所说的宇宙，而是说的建筑，具体地说，就是用屋檐和栋梁指代建筑。"宇宙"即建筑最早的称谓，这种观点有许多记载可为证据。如：

东汉许慎的《说文》："宇，屋边也。从宀，于声。《易》曰：上栋下宇。""宙，舟舆所极覆也。从宀，由声"。按，"舟舆上覆如屋极者，或曰覆也，舟舆所极也"；

《周易·系辞下》："上古穴居而野处，后世圣人易之以宫室，上栋下宇，以待风雨，盖取诸《大壮》。"这里的"宇"只能是能够"待风雨"的屋顶。

《诗·豳风·七月》："七月在野，八月在宇，九月在户，十月蟋蟀，入我床下。"此处的"宇"即"屋四垂为宇"的"宇"；

还有《诗经·大雅·緜》："古公亶父，来朝走马。率西水浒，至于岐下。爰及姜女，聿来胥宇"，"胥宇"就是相地以建造安居之所；

《淮南子·览冥训》："凤皇之翔，至德也……而燕雀佼（骄）之，以为不能与之争于宇宙之间。"高诱注："宇，屋檐也；宙，栋梁也。"这里的"宇宙"即燕雀栖身的屋檐；

图 2-12
拙政园某建筑的梁架结构
图片来源：本书作者摄

《楚辞·招魂》："高堂邃宇，槛层轩些"，这是对壮观的建筑的描述；

《楚辞·屈原·涉江》："霰雪纷其无垠兮，云霏霏而承宇"；

《国语·周语》："其余以均分公侯伯子男，使各有宁宇"；

《仪礼·士丧礼》：

"置于宇西阶上"；

《汉书·郊祀志》："五帝庙同宇；"

《资治通鉴》："权起更衣，肃追于宇下"；

《吕氏春秋·下贤》："神覆宇宙。"注曰："四方上下曰宇。以屋喻天地也"；

《左传·昭公四年》："或多难以固其国，启其疆土；或难以丧其国，失其守宇"；

苏轼《水调歌头》："又恐琼楼玉宇，高处不胜寒"；等等，举不胜举。

由此可见，古人对于神秘莫测，难以把握的宇宙时空的认识最早是基于建筑的形象，即"以屋喻天地也"。天覆地载的空间给人的视觉感受正像一座巨大的房子，而古人建造木结构房屋时认识到栋梁对于建筑物的寿命是最关键的所在，所以"宙"即栋梁，就具有了维持房屋持久存在的意义，这正好成为古人对"古往今来"的时间的感受进行形象表达的最合适载体。①

所以，有人干脆直截了当地声称："建筑即'宇宙'。"②

中国古代建筑同古人的宇宙观有直接关系，而中国古代的宇宙观以及宇宙模型的形成同古人的思维方式也息息相关。

章学诚（1738～1801）在《文史通议》中说："古人未尝离事而言理。"类似地，还有一种说法是："古人未尝离象而言理。"③ 古人的"理"不是空中楼阁，它离不开"事"和"象"，"象"是中国文化的思想基础《周易》中的一个核心概念。关于中西思维方式的不同，有很多学者从名与象的角度进行了讨论。

有人提出，中国的思维方式是"唯象思维"，④ 还有人认为，"西方

---

① 关于"宙"与时间的关系，宗白华先生有另外一种解释："'宇'是屋宇，'宙'是由'宇'中出入往来。中国古代农人的农舍就是他的世界。他们从屋宇得到空间观念。从'日出而作，日入而息'（击壤歌），由宇中出入而得到时间观念。"见宗白华，《中西画法所表现的空间意识》，《艺境》，北京：北京大学出版社，1986年，第223页。
② 王振复，《大地上的"宇宙"：中国建筑文化理念》，上海：复旦大学出版社，2001年，第1～4页。把宇宙和建筑等同的观念在西方同样存在，至于宇宙观念是依据建筑模型而建立，还是相反，建筑为宇宙形式提供了原型，常常成为他们争论的话题。参见［英］理查德·帕多万，《比例——科学·哲学·建筑》，周玉鹏、刘耀辉译，北京：中国建筑工业出版社，2005年，第57～59页。
③ 朱良志，《中国艺术的生命精神》，合肥：安徽教育出版社，1995年，第21页。
④ 如曹运耕，《唯象思维残片》，《方法》，1997年第9期，第11～12页。作者认为，唯象思维作为中国传统思维方式与形象思维、抽象思维既相联系又有区别，它分为观物取象的认识阶段、立象尽意的传达阶段、得意忘象的接受阶段，唯象思维具有"文化基因"的意义，在艺术方面，"'象'通向'象征'，中国艺术是象征主义艺术"，从唯象思维和现象学的相通之处体现出这一"文化基因"的现实意义。曹运耕指出的三个阶段包括接受阶段，这说明，中国古代早就有和西方的接受美学类似的思想。

传统思维方式是执名去象，讲究概念而摈弃意象，中国传统的思维方式则是名象交融，概念与意象相结合"①，这些结论确实把握住了中国传统的思维方式最本质的特征，但是，忽视"象"在西方思维方式中的作用也是不公允的，虽然西方没有与汉语中"象"和"意象"完全同样意义的概念，但是，西方的"表象"、"现象"、"形象"等概念都是非常重要的概念，说他们"摈弃意象"有失公允，因为，我们不能强求西方也有一个和汉语里的"意象"完全等价的词汇，况且，话说回来，注重对现象的观察和实验的经验主义在西方是哲学和科学研究的一个非常重要的传统。

问题的实质是，西方人一个比较普遍的观点是，现象是外在的，它往往不能揭示事物的本质，并且更多情况下会掩盖本质，现象和本质是对立的范畴，从现象到概念是认识由低到高发展的两个不同阶段和层面，现象虽然重要，还有待升华到概念层次，进而透过现象看本质；而在中国，名和象是交融在一起的，二者不存在二元对立的关系，也不存在孰高孰低的差别，象的地位不但没有遭到贬抑，而且作为思维体系的出发点，象的意义被发挥到了极至，宇宙万物被看作变动不居的丰富的意象系统，形成了博大精深的理论和思想体系，更进一步本着"象天法地"的观念，创造出了到处都体现出宇宙意象的造物，小到手可把玩的手工艺品，大到可游可居的园林都城，正是基于对自然之象的观察、理解和师法，才达到了天人合一的境界，可以说，象对任何文化体系来说也没有在中国文化中那样重要。要想更清晰地理解中国古代的宇宙图式，借助图像是不可替代的途径，《周易》和不计其数的易图就能很好地说明这一点。

"设卦观象"是《周易》推演的方式，名象交融，概念与意象相结合是中国"唯象思维"的特点。

《周易·系辞下》说："古者包牺氏之王天下也，仰则观象于天，俯则观法于地，观鸟兽之文与地之宜，近取诸身，远取诸物，于是始作八卦，以通神明之德，以类万物之情。""观象于天"之后"始作八卦"，又反过来借助八卦"设卦观象"，这是一个从特殊到一般，再从一般到特殊的过程，是一种朴素的辩证法。虽然宇宙运行的法则玄妙深奥，但是它又是能够把握的。《周易》认为，世界万物可以表征为八种物象，即：乾为天，坤为地，震为雷，巽为风，坎为水，离为火，艮为山，兑为泽；人体也可以如此表征，《周易·说卦传》认为："乾为首，坤为腹，震为足，巽为股，坎为耳，离为目，艮为手，兑为口。"

---

① 刘文英，《中国古代的时空观念》，天津：南开大学出版社，2000年，修订本自序第2页。

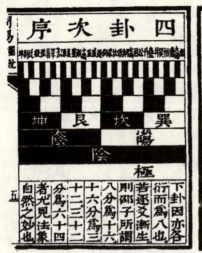
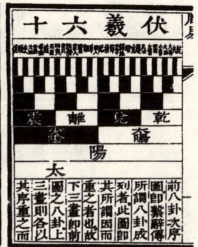

图 2-13 伏羲六十四卦次序图
图片来源：朱熹，《周易本义》卷首。转引自张其成，《易图探秘》，北京：中国书店，1999 年，第 78 页

阴阳五行说也同样适用于天地万物和人。西周的史伯认为："故先王以土与金木水火杂，以成百物。"① 其中的"百物"也包括人。既然天人皆物，都可以归结为五行八卦，都遵循同样的法则，所以，圣人才能"近取诸身，远取诸物"，作八卦"以通神明之德，以类万物之情"，并且，由于"天道远，人道迩"②，从自身就能更容易地推及万物，按照郭沫若先生的说法，连《周易》里的最基本符号——阴阳爻也是"近取诸身"的："八卦的根柢我们很鲜明地可以看出

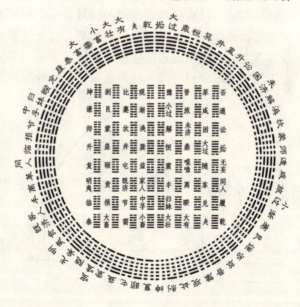

图 2-14
伏羲六十四卦方位图
图片来源：《国学备览》光盘版，北京：商务印书馆国际有限公司，2002 年

---

① 《国语·郑语》。
② 《春秋左传·昭公十八年》："子产曰：天道远，人道迩，非所及也，何以知之？灶焉知天道？是亦多言矣，岂不或信？"

是古代生殖器崇拜的孑遗。画一以象男根,分而为二以象女阴,所以由此而演出男女、父母、阴阳、刚柔、天地的观念。"①

万物和人是能够互相感应,"天人合德"的。北宋周敦颐的《太极图说》就写道:"故圣人与天地合其德,日月合其明,四时合其序,鬼神合其吉凶。君子修之吉,小人悖之凶。"

对于爻卦的解读历来分为象数派和义理派,其中的象数派发明了各种"易图",这些易图一方面使解读《周易》成为一种形象的过程,具有语言无法比拟的直观性和形象性,另一方面,又使得解读《周易》成为更加复杂、更加神秘、更加让人莫衷一是的工作。在不可胜数的各种易图中,邵雍的《先天六十四卦方位图》对于理解《周易》宇宙图式的重要性是举世公认的。

从被称为活化石的汉语言文字的演变中,也可以看出从象到文字再到概念的演变和抽象过程。高诱注《吕氏审分览》的"苍颉作书"说:"苍颉生而知书写,仿鸟迹以造文章。《说文》:庖羲氏始作易八卦,神农氏结绳为治,黄帝之史苍颉,见鸟兽蹄迒(háng)之迹,初造书契。苍颉之初作书,盖依类象形,故谓之文。"② 就拿时间概念来说,日、月、宙、光阴、春秋、光景等词汇都是来自视觉可以把握的物象,古人按照"六书"的方法,创造出了象形文字,③ 并进而把这些意象抽象成为概念,但是,这些文字从来没有抽象成纯粹的符号,它们始终具有绘画的特性,中国书法的原则和绘画是难分彼此的,而概念也从来不会完全脱离物象,甚至用这些概念进行的思辩也往往不是纯粹抽象的思辩,而是用借代、隐喻等修辞手法生动形象而又深入浅出地揭示深刻难解的道理。

图 2 - 15
中国古代的宇宙天地观念示意图
图片来源:何新,《诸神的起源》,北京:时事出版社,2002年,第 161 页

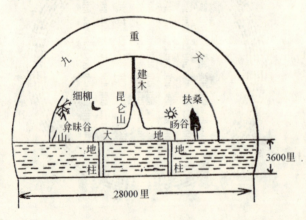

中国古代建筑的营造和汉字的创造有异曲同工之妙,在建筑中,"象天法地"是非常重要的方法。由于发现天覆地载的结构同房屋的相似性,早期的宇宙结构意象就参照原始的房屋形象建立起来,在宇宙

---

① 郭沫若,《中国古代社会研究》,石家庄:河北教育出版社,2000 年,第 33 页。
② [汉] 宋衷注,[清] 秦嘉谟等辑,《世本八种·张澍稡集补注本》,上海:商务印书馆,1957年,第 11 页。
③ "六书"即:象形、指事、会意、形声、转注、假借。

结构完备起来之后，建筑又对宇宙的意象加以模仿，成为宇宙观念的物化模型，宇宙意象和建筑形式互相修正，在互动中互相完善。

如果说天地万物构成一个"自然宇宙"的话，建筑就成为一种人为的"文化宇宙"，古代的中国人努力追求着这两个宇宙的同构与和谐①。我国古代关于宇宙结构的盖天说、浑天说和宣夜说中，盖天说，即"天圆地方"说，是古代建筑形式模仿宇宙意象的主要依据。

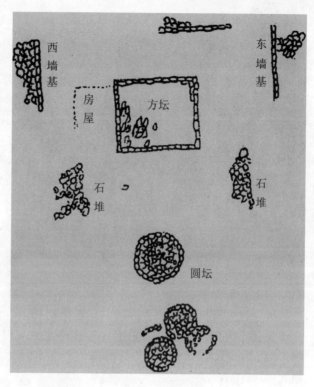

图 2-16
辽宁省红山文化群址发现的天圆地方祭坛
图片来源：陆思贤、李迪，《天文考古通论》，北京：紫禁城出版社，2000年，第40页

"天圆地方"观念来自直观的经验，历史上曾经有许多人对此产生过疑问。

《大戴礼记·天圆篇》说："单居离问于曾子曰：'天圆而地方者，诚有之乎？'曾子曰：'离，而闻之云乎？'单居离曰：'弟子不察此，以敢问也。'曾子曰：'天之所以生上首，地之所以生下首。上首之谓圆，下首之谓方。如诚天圆而地方，则是四角之不掩也。且来，吾语汝。参尝闻之夫子曰：天道曰圆，地道曰方。方曰幽，而圆曰明。明者吐气者也，是故外景。幽者，含气者也，是故内景。故火、日外景，而金、水内景。吐气者施，而含气者化。是以阳施而阴化也。'"

曾子认为，如果真是"天圆地方"的话，就会产生方形的四个角和圆形无法吻合的问题，所以，他提出的解释很巧妙，那就是从"道"的层面

---

① "科学致力于将各种混乱的自然现象转化为所谓的自然宇宙［cosmos of nature］，而人文科学则致力于将各种散乱的人类记录转化为所谓的文化宇宙［cosmos of culture］。""文化宇宙跟自然宇宙一样，是一个时空结构。"见［美］E. 潘诺夫斯基，《作为人文学科的美术史》，见曹意强，洪再新编，《图像与观念——范景中学术论文选》，广州：岭南美术出版社，1993年，第413～414页。

图 2-17 东山嘴红山祭祀遗址鸟瞰。圆形祭坛直径 2.5 米
图片来源：baike.baidu.com/pic/3/11456924222336063.jpg

去理解，不但回避了几何学上的难题，而且从形而上的高度提出了更有深度的观点，是一种更高层次的宇宙论。

屈原在《天问》中也连连问道："圜则九重，孰营度之？惟兹何功，孰初作之？斡维焉系，天极焉加？八柱何当，东南何亏？九天之际，安放安属？隅隈多有，谁知其数？……"

尽管这些疑问如此令人困惑，人们仍然相信，世界是有完美秩序的宇宙，并且，人的理性是可以把握这种秩序的，所以，"天圆地方"的观念仍然深入人心，人们按照"天圆地方"的模式构建起一个完善的宇宙图式。

古人认为要"象天法地"才能顺应天道，并得到上天的护佑，《吕氏春秋·季冬纪第十二·序意篇》："尝学得黄帝之所以诲颛顼矣，曰，爰有大圜在上，大矩在下，汝能法之，为民父母"，天人本来就应该是同一的，如果能效法天道，就能跻身于统治者的行列。

天人合一、象天法地并非人对天单向的、被动的顺应，人与天是互动的。《中庸》说："唯天下至诚，为能尽其性；能尽其性，则能尽人之性；能尽人之性，则能尽物之性；能尽物之性，则可以赞天地之化育；可以赞天地之化育，则可以与天地参矣。"正是由于相信这种人作用于天的

图 2-18 天坛
图片来源：www.ugongshe.com/bookpic/20071141657097836.jpg

可能性，人们才可能积极地用各种方式模仿宇宙的形式和它的运行法则，事实上，所谓宇宙的形式也是人建构的，人只是在用建筑模仿自己在心中建构的宇宙。

这种天人的互动就是列维－布留尔在《原始思维》中所说的"互渗"（participation），即存在物或客体通过一定方式（如巫术、仪式、接触等）占有其它客体的神秘属性。当建筑被用做祭祀时"互渗"的道具时，特别是当道具的某种属性，比如形状，同神秘客体——天和地一致的时候，这种"互渗"就会被认为非常有效，在"互渗"的过程中，建筑和天地、宇宙往往被当作一回事。《广雅》说："圆丘大坛，祭天也；方泽大折，祭地也"，《周礼》还说："夏至祭地于泽中之方丘。"这里，"圆丘者，圆形的坛也，方泽者，方形的坛也。"①"互渗"直接导致形式上的比附，通过方和圆这些形状的对应，达到人和天的感应。在辽宁省红山文化群址发现的天圆地方祭坛说明，至少五千年前就有了天圆地方的观念。

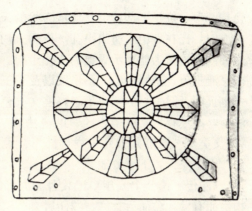

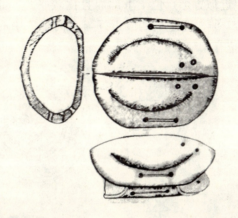

图 2-19
安徽含山凌家滩玉龟、玉版中的八角星纹
图片来源：邢文，《帛书周易研究》，北京：人民文学出版社，1997年，第248页

2. 龟与宇宙的同构

列维－布留尔的"互渗"在古代龟卜文化中有鲜明的表现。

选择龟甲而不是其他东西用于占卜吉凶不仅因为龟被认为是"灵龟"，更重要的是乌龟的体态与"天圆地方"正相吻合，龟被当作活生生的宇宙模型来看待。

《周书·帝纪第七·宣帝》认为龟"圆首方足，咸登仁寿，思隆国本，用弘天历。"《本草纲目》说："甲虫三百六十，而神龟为长，上隆而文以法天，下平而理以法地。"都是从形象上把神龟和天地进行比附。龟的甲

---

① 见李允鉌，《华夏意匠》，香港：香港广角镜出版社，1982年，第101页。

壳是圆形，位于上部，形状像穹隆状的天空，龟背上的花纹类似"天文"，占卜时，先在龟甲上凿出小孔，再用火灼烧，烧裂的龟甲纹样叫做"象"，这种纹样被认为能预示天象的变化走向。引起考古界广泛注意的安徽含山凌家滩玉龟、玉版中的八角星纹以及把玉版夹在龟的背甲和腹甲之间的形式也证明《雒书》的"灵龟者，玄文五色，神灵之精也。上隆法天，下方法地，能见存亡，明于吉凶"的说法。① 《雒书》的说法被广泛引用，如《艺文类聚·卷第九十九·祥瑞部下》说："龟者神异之介虫也。玄采五色，上隆象天，下平象地。"

《左传·僖公十五年》记载晋大夫韩简的话："龟，象也。筮，数也。物生而有象，象而后有滋，滋而后有数。"杜预注曰："言龟以象示，筮以数告，象数相因而生，然后有占，占所以知吉凶，不能变吉凶。"龟的腹甲近似方形，位于下部而且比较平坦，正好与大地平坦方正的形态相吻合，再加上龟的四肢正好与人们想象中的擎天柱联系到了一起，所以说，"龟有天地之象。"

图 2-20 史前文化的八角星纹图案
图片来源：陆思贤、李迪，《天文考古通论》，北京：紫禁城出版社，2000 年，第 113 页

---

① ［唐］徐坚等，《初学记·卷三十·鸟部》。

龟与中国文化的渊源关系还在于它曾经负载了中国思想史上极为重要的《洛书》，据《周易·系辞上传》："河出图，洛出书，圣人则之。"张彦远在《历代名画记》中说："龟字效灵，龙图呈宝，自巢燧以来，已有此端。"潘天寿先生还认为河图洛书是中国绘画的起点。①

在大洪水时，女娲甚至直接把鳌足当作"天柱"支撑起倾斜的苍天，《列子·汤问第五》说："然则天地亦物也。物有不足，故昔者女娲氏练五色石以补其阙；断鳌之足以立四极。其后共工氏与颛顼争为帝，怒而触不周之山，折天柱，绝地维；故天倾西北，日月辰星就焉；地不满东南，故百川水潦归焉。"这件事

图2-21 力倡对四维的超立体进行研究的戴维·布里森的墓碑上铭刻的八角星形和凌家滩玉片上的八角星纹如出一辙

图片来源：[日]宫崎兴二，《建筑造型百科·从多边形到超曲面》，陶新中译，北京：中国建筑工业出版社，2003年，第172页

很多典籍上都有记载，如《淮南子·览冥训》中也说："往古之时，四极废，九州裂；天不兼覆，地不周载；火爁（làn）炎而不灭，水浩洋而不息；猛兽食颛民，鸷鸟攫老弱。于是女娲炼五色石以补苍天，断鳌足以立四极。杀黑龙以济冀州，积芦灰以止淫水。苍天补，四极正，淫水涸，冀州平，狡虫死，颛民生。"《淮南子·天文训》还说："昔者共工与颛顼争为帝，怒而触不周之山，天柱折，地维绝，天倾西北，故日月晨辰移焉；地不满东南，故水潦尘埃归焉。"正因为鳌和天地形态上的相似，才会产生这样的传说。

这种把天地和龟相联系的观念在很多民族都出现过，甚至有些民族干脆认为天地就是靠神龟支撑着，中国的蒙古族、鄂温克族以及西藏的佛教

---

① "大约古圣贤观河龙蜿蜒之形，灵龟斑驳之文，因而制作图书，极合情理，且易有此事实。"潘天寿，《中国绘画史》，上海：上海人民美术出版社，1983年，第1页。

大地神话中也有类似的说法。

在辽东半岛海城市小孤山发现了距今一至四万年的旧石器时代洞穴遗址及周围半径八十公里范围内的"天书",它由自然景物、大型积石冢群、自然石、山崖、裸露石脉、石棚遗址等构成,配合山石上刻画的"天文"符号,成为一个巨大的宇宙模型,证明以人工构筑物"象天法地"的传统自史前时代就已经存在,并且,其模型的完备精密程度也是令人吃惊的。其中的龟石"天鼋""型似龟",龟石脚下的片麻岩表面刻有十字形和方形,是所谓的"天盘、地盘及博盘"①,这是把龟作为宇宙模型的一个重要早期实例。

图 2-22
刻有文字的龟甲
图片来源:
http://www.china-shufa.com/upload-images/200445124056-1.jpg

还有些民族的神话中是用鱼来代替龟,这时,由于鱼没有脚,往往要用到擎天柱来支撑天穹,比如,拉祜族史诗《牡帕密帕》的记载。② 在出现擎天柱的各种神话中,擎天柱的数量一般是四棵或八棵,如屈原的《天问》中的"八柱何当",还有,古代埃及人认为的天也是由四棵擎天柱支撑。之所以用四棵或八棵擎天柱,说明古人在创造神话的时代对空间中四个主要方位已经有了清楚的认识,甚至有些民族已经能把方位细分为八个。从建筑角度来看,这种四棵柱子擎天的结构正是当时已经出现的建筑原型,这些神话中,天地的意象和建筑是同构的。由于龟、建筑、宇宙这种同构关系,以及龟的灵性,古代大凡营建国都之前,一定要用龟占卜,以确定合适的建都地点和时间,这一点,史书上有很多明确的记载。

---

① 张骏伟,《黄帝陵、帝颛顼陵、天书、河图在辽东半岛》,《理论界》,2005 年 3 月,第 212 页。
② 《牡帕密帕》,云南人民出版社,1979 年,第 3 页。见叶舒宪,《中国神话哲学》,北京:中国社会科学出版社,1992 年,第 41 页。

如《诗·大雅·文王有声》云："考卜维王，宅是镐京。维龟正之，武王成之。武王烝哉！"《诗经·大雅·緜》记述周太王古公亶父开国建都的历程时唱道："爰始爰谋，爰契我龟，曰止曰时，筑室于兹。"这首诗记载了周族的祖先在周原

图2-23
故宫中的神龟
图片来源：
本书作者摄

建立都邑前用龟甲占卜的情形。并且，从甲骨文可以知道，至少在商代就已经用龟甲进行占卜了。"《周礼·春官》有卜'大迁'一项，天子建都，必当卜之，此夏、商、周三代惯例。而一般的城邑，只需筮之。但到了春秋时期，诸侯国都，大夫城邑甚至私家建宅，也都以龟卜之。"①"天圆地方"观念与龟卜的关系从商代遗留下来的大量占卜用的龟甲中也得到了证实。

在实际操作中可以知道，古人非常注重龟卜同四时的关系。如《周礼》说："凡卜欲作墨之时，灼龟之四足，依四时而灼之。其兆直上向背者为木兆，直下向足者为水兆，邪向背者为火兆，邪向下者为金兆，横者为土兆。是兆象。"②可见，龟卜是由四时和五行观念作为理论指导的。这种龟卜、四时和五行的关系说明，古代关于宇宙的意象不只是关乎空间结构，也关乎时间，时间和空间是一个整体。这一点，留待后文讨论。

3. 器物与宇宙的同构

在古代许多艺术形式中，都能找到对宇宙意象的类似表现。

从古代祭祀的礼器上也可以见到很多"互渗"导致的形式上的比附。如，玉璧是圆形，玉琮是方形，所以，《周官》有"苍璧礼天，黄琮礼地"的说法。李约瑟博士认为，红山、良渚、龙山等文化中的玉琮、玉璧、玉璇玑等很可能是天文观测的仪器③，这同它们的礼器性质其实不矛盾，因为用于观测天文，窥视上天秘密的用具被赋予神圣属性是再自然不过的。

---

① 刘玉建，《中国古代龟卜文化》，桂林：广西师范大学出版社，1992年，第376页。
② 《古今图书集成·博物汇编·艺术典·卜筮部》之《周礼》。
③ 见李约瑟，《中国科学技术史》第四卷，北京：科学出版社，1975年，第388～399页。

汉代还极为盛行规矩镜，即所谓"TLV"镜。

关于规矩的来历和功用，《世本·作篇》说："垂作规矩准绳。"张澍注："澍按汉《律历志》：权与物钧而生衡，衡运生规，规圜生矩，矩方生绳，绳直生准，准正则衡平而钧权矣。是为五则。规者，所以规圜器械，令得其类也；矩者，所以矩方器械，令不失其形也；准者，所以揆平取正也；绳者，上下端直，经纬四通也。"①

《周髀算经》说得也非常明白："请问数安从出？商高曰：数之法出于圆方。圆出于方，方出于矩，矩出于九九八十一。故折矩，

图2-24　历代许多铜镜上有亚字形构图，并且常常配合四神、十二地支文字或十二生肖图案。图为东汉鸟兽规矩镜，与正方形四角相对的四个L形，勾勒出一个亚字
图片来源：洛阳博物馆编，《洛阳出土铜镜》，北京：文物出版社，1988年，彩版2

以为勾广三，股修四，径隅五。既方之外，半其一矩，环而共盘得成三四五，两矩共长二十有五，是谓积矩。故禹之所以治天下者，以数之所生也。

请问用矩之道。商高曰：平矩以正绳，偃矩以望高，覆矩以测深，卧矩以知远，环矩以为圆，合矩以为方。方属地，圆属天，天圆地方。方数为典，以方为圆，笠以写天。天黑青、地赤黄，天数之为笠也，青黑为表，丹黄为里，以象天地之位。是故知地者智，知天者圣。智出于句，句出于矩。夫矩之于数，其裁判万物惟所为耳。"这段文字很详细地讲解了勾股定理以及规矩的用法，代表了当时几何学和天文学的极高成就。

规矩镜上面的文字不但常有"尚方御竟大毋伤，巧工刻之成文章，左龙右虎辟不羊，朱鸟玄武顺阴阳，子孙备具居中央，长保二亲乐富昌，寿敝金石如侯王兮"，"朱氏明镜快人意，上有龙虎四时宜，常保二亲宜酒

---

① 见［汉］宋衷注，［清］秦嘉谟等辑，《世本八种·张澍萃集补注本》，上海：商务印书馆，1957年，第17～18页。

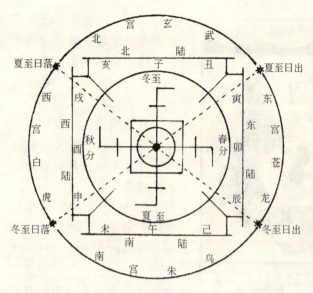

图 2-25 铜镜上的亚字形构图来源于对宇宙模式的理解。图为共工推步四时的盖图模式
图片来源：陆思贤、李迪，《天文考古通论》，北京：紫禁城出版社，2000年，第230页

食，君宜官秩家大富，乐未央，宜牛羊""大乐富贵，千秋万岁，宜酒食"，"大乐富贵，得所好，千秋万岁，宜酒食"，"大乐未央，长相思，愿勿相忘"，"见日之光，长乐未央"，"与天相寿，与地相长"等等一类祝愿长乐未央之类与时间的永久性相关的铭文，而且，上面的"TLV"纹样也是一种"宇宙图案"。

张澍所说的"规圜生矩，矩方生绳"就是说的"天圆地方"的由来。东汉山东临沂画像石上有一幅伏羲、女娲图像，其中伏羲一手持规，一手持日轮，女娲一手持矩，一手持月轮。这是先民在神话中对宇宙秩序的把握。古人用最基本的、最抽象的两个几何形状——圆和方来构建宇宙的框架，就是所谓"天圆地方"，而规和矩就是创造方圆的工具。

湖南零陵出土的一面规矩铜镜上的铭文有"八子十二孙治中央，法象天地，如日月之光，千秋万岁，长乐未央兮。"① 这里的"法象天地"就直接道出了这种铜镜式样构思的依据，那就是要通过"互渗"手段制作一个宇宙模型，祝愿人们能像天地日月一样"千秋万岁，长乐未央"，那种对此解释有所怀疑的观点是不能让

图 2-26 东汉画像砖，中为黄帝，分别手持规矩的伏羲女娲
图片来源：何新，《诸神的起源》，北京：时事出版社，2002年，第65页

---

① 孔祥星，刘一曼，《中国古代铜镜》，北京：文物出版社，1984年，第76页。

图2-27
山东嘉祥武梁祠东汉伏羲女娲石刻画像

图片来源：冯时，《中国古代的天文与人文》，北京：中国社会科学出版社，2006年，第341页

人信服的①。现在，已经有非常多的学者开始支持规矩铜镜与宇宙图式的关系，特别是它与时间观念，甚至建筑构造的联系。

其他明确认定规矩纹象征宇宙图式的观点还有许多，并且支持这种观点的人越来越多。主要有：

伽马认为，镜钮周围的方框表示地，T象征四方之间，四隅的V象征四海，L是沼泽地的栅栏门，或者T象征大地四边入口两侧有阙的门，T的竖线表示通道，中心的钮代表宇宙中心的中国，钮座的八个乳钉纹表示支撑天穹的八柱。

图2-28
有规矩纹的秦汉日晷

图片来源：朱存明，《汉画像的象征世界》，北京：人民文学出版社，2005年，第169页

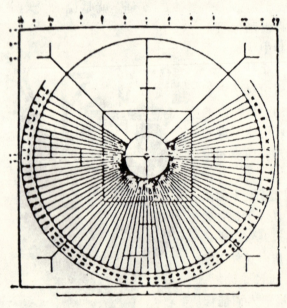

驹井和爱认为规矩表示天圆地方，T、L分别表示地和天的四方，V表示天的四维，此说和许多学者对分别手持规和矩的伏羲女娲的汉代画像的解释是一致的。

布林克认为规矩纹与建筑、宇宙都遵循同样的结构方式，其中的方形相当于天花板上的梁框，T是藻井中心结构的残留，V、L是斗栱，钮是中心柱，是宇宙的轴，方格内的十二个乳钉是十二根小

---

① 这类怀疑的观点主要有：日本的中山平次郎、后藤守一等认为规矩纹是草叶纹变化的结果，梁上椿认为这是山字纹镜的"山"字、蟠螭纹等演化而来等等。见孔祥星，刘一曼，《中国古代铜镜》，北京：文物出版社，1984年，第80页。

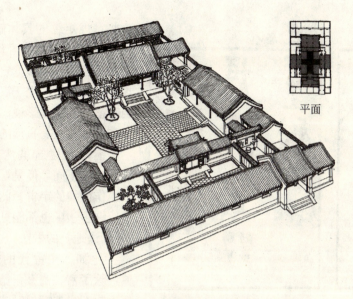

图 2-29　北京典型四合院住宅鸟瞰、平面图，平面图中亚字形阴影为本书作者所加古代宫室的基本形式是亚字形……就是现在中国四合院房屋的早期形式

图片来源：刘敦桢主编，《中国古代建筑史》，北京：中国建筑工业出版社，1984 年第 2 版，第 319 页

柱子，铜镜内区的八颗乳钉是四方之门。

林巳奈夫认为正方形表示大地，圆形是天空，T 象征东西南北四极，T 的横线是建筑的横梁，竖线是支撑梁或者天穹的柱子。

因为秦汉日晷中也出现过类似的规矩纹样，所以，有人称规矩铜镜为"日晷镜"，并认为 L、V 纹样同在日晷上一样是表示时间的，L 表示夏至、秋分、冬至、春分，V 表示四季的开始，T 则代表空间。

劳榦认为规矩纹与亚字形宫室相似①，中间的正方形是中庭或大室，T 形是它周围的房屋。他认为，"依照殷墟的发掘，以及早期青铜器亚字形的标记，可以推测出来，古代宫室的基本形式是亚字形……就是现在中国四合院房屋的早期形式。"②

张光直先生还通过对卜辞和金文中"巫"字（一横一竖两个"工"字交叉）的考证说明了古代的巫所用的道具就是工字形的规矩，而规矩就是掌握天地的工具，借助这种工具，巫师就能通于天地之间。在铜镜上出现的规矩纹应该也是对宇宙的象征，而且，这种象征的方式是从最早的巫术中演化而来的。

---

① 亚字形又被学界称作"戈麦丁"（Gammadion），"亚"字即"亞"，本书仍用简化字"亚"，特此注明。
② 转引自［美］张光直，《中国青铜时代二集》，北京：三联书店，1990 年，第 88 页。

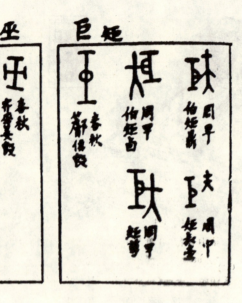

图 2 - 30
金文中的巫字和巨字
图片来源：[美]张光直，《中国青铜时代二集》，北京：三联书店，1990年，第42页

这些对规矩纹的具体解释中，还没有哪一种能够看作定论，但是，有一点能够肯定，这些规矩铜镜大量产生于汉代，与当时盛行的谶纬学说、阴阳五行和神仙思想有直接的关系。

铜镜和建筑虽然大小有别，功用不同，但是，它们都被当作微缩的宇宙。此外，在其他许多领域也都能见到这种"象天法地"的做法。

比如，在古代的音乐领域，除了宫、商、角、徵、羽五声同五行被赋予对应关系以外，在乐器的制作中，也有取法天地的观念。《世本·作篇》说："伏羲作琴。"宋衷注曰："伏羲氏削桐为琴，面圆法天，底平象地。龙池八寸通八风，凤池四寸象四时，五弦象五行，长七尺二寸，以修身理性反天真也，达灵象物昭功也。"① 蔡邕的《琴操》说："琴长三尺六寸六分，象三百六十六日。广六寸，象六合也。文上曰池，池，水也，言其平。下曰滨，滨，宾也，言其服也。

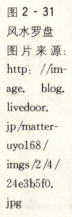

图 2 - 31
风水罗盘
图片来源：http://image.blog.livedoor.jp/matteruyo168/imgs/2/4/24e3b5f0.jpg

前广后狭，象尊卑也。上圆下方，法天地也。五弦，象五行也。文王、武王加二弦以合君臣之恩。"桓谭《新论》曰："今琴四尺五寸，法四时五行也。"从乐器的形状、尺寸、构造等方面都有很具体精深的文化内涵，乐器的制作绝非只是一种技术。

从材料选择上看，古代琴瑟制作还有"桐天梓地"的说法，《诗经·鄘风·定之方中》就有："树之榛栗，椅桐梓漆，

---

① [汉]宋衷注，[清]秦嘉谟等辑，《世本八种·王谟辑本》，上海：商务印书馆，1957年，第35页。

爱伐琴瑟"的诗句，说明至少在两千五百多年前就已经懂得用"椅桐梓漆"制作琴瑟了，椅桐轻清象天，梓漆重浊法地，古人以轻清的桐木和重浊的梓木分别用于琴瑟的上下两面，既能保证理想的音质，又有"象天法地"的意义，至今，这种做法还被用于比较讲究的传统乐器制作工艺中。

图 2-32 汉代瓦当上的"四神图"，这也是古代城邑图式的意象 图片来源：张光直，《美术、神话与祭祀》，郭净译，沈阳：辽宁教育出版社，2002 年，第 9 页

直接与建筑有关的式盘，同样是这种对宇宙模型的复制。

风水罗盘也叫做罗经、罗镜、经盘、子午盘、针盘、栻、式盘，或者式，是堪舆家常备的工具。式盘的种类很多，有 18、24、36 层等多种，被用于不同的流派和地区。现已出土最早的式的实物出自西汉文帝时，而文献记载的式最早可追溯到战国时期。式盘结构同古人的宇宙图式相同，而且，它是"天时"的物化形式。《周礼·大史》说："大师，抱天时与大师同车。"郑玄注曰："大出师，则大史主抱式，以知天时，处吉凶。"所以，邢文博士指出："可知'天时'为式的别名。古人既以'天时'名式，时的观念之于式的重要性，也就不言而喻了。"① 并且，考古发现中也出现了当时式盘的图像以为佐证。河南濮阳西水坡仰韶文化遗址蚌壳青龙白虎图和安徽含山凌家滩有四方八位和八角星纹的玉片可以说明，式盘的雏形在新石器时代就已经产生。这种四方八位和八角星纹同规矩纹不论从形式上还是从内在观念上都有直接的关联②。

这也说明，后来发展得更加复杂的风水罗盘上面表示时间的天干地支等内容不是后人在空间之上的牵强附会，罗盘绝非只和空间方位相关，时间在罗盘上的重要性，或者说，时间在宇宙模型上的重要性至少不会低于

---

① 邢文，《帛书周易研究》，北京：人民文学出版社，1997 年，第 110 页。
② 孙新周指出："彝族的八卦不仅具有描述空间的作用，而且具有描述时间的作用。这八角星纹不但是八卦图，而且代表历法的'八方之年'，即东方之年、东南方之年、南方之年、西南方之年、西方之年、西北方之年、北方之年、东北方之年。八年一轮回。"孙新周，《中国原始艺术符号的文化破译》，北京：中央民族大学出版社，1998 年，第 132 页。

空间。风水罗盘实际上就是保证准确无误地实现从宇宙图式到建筑这一宇宙模型转换的中介和工具。

汉代瓦当也常见表现时间和空间的内容。瓦当上有许多"四神图"用四神兽代表四方，并有"千秋万岁"、"长乐未央"等与时间有关的字样，在小小的瓦当上，浓缩了古人心目中的时间和空间意象。"千秋"、"万岁"在瓦当上有时是用文字表现，有时也像用四神兽表现四方一样，用两个叫做"千秋"、"万岁"的动物形象来表现。时间和空间都被形象化和神化了。

图2-33　画像砖上的"千秋"、"万岁"
图片来源：http://www.yanagiharashoten.co.jp/top.gif.2006.3.6.

中国的围棋和一般的游戏工具不同，其棋盘和棋子都有丰富的文化内涵——它们和宇宙时空相关。西汉班固在《弈旨》中说："局必方正，象地则也。道必正直，神明德也。棋有黑白，阴阳分也。骈罗列布，效天文也。四象既陈，行之在人，盖王政也。"① 宋代张拟的《棋经十三篇·棋局篇第一》则对此有更加具体的表述："夫万物之数，从一而起，局之路三百六十有一。一者，生数之主，据其极而运四方也。三百六十，以象周天之数；分而为四，以象四时；隅各九十路，以象其日；外周七十二路，以象其候。枯棋三百六十，白黑相半，以法阴阳。局之线道谓之枰，线道之间谓之罫。局方而静，棋圆而动。自古及今，弈者无同局，曰'日日新'。故宜用意深而存虑精，以求其胜负之由，则至其所未至矣。"

---

① 何云波选编，《天圆地方——围棋文化散文选》，北京：人民文学出版社，2003年，第3页。

这种在器物上象天法地、寄寓哲理的做法可以在几乎所有中国文化领域找到实例，比如六博盘①、篆刻、刺绣、货币等，这里就不必一一详述了。

总之，在古代各种大小器物的制作中都遵循"制器尚象"的原则，即《周易·系辞上》所说："《易》有圣人之道四焉：以言者尚其辞，以动者尚其变，以制器者尚其象，以卜筮者尚其占。"《周易·系辞下》记载了许多"制器尚象"的例子，如："作结绳而为网罟（gǔ），以佃以渔，盖取诸《离》。包牺氏没，神农氏作，斫木为耜，揉木为耒，耒耨（nòu）之利，以教天下，盖取诸《益》。……"还有被建筑界广泛引用的"上古穴居

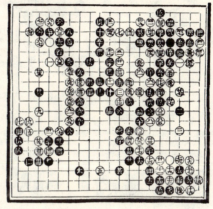

图 2 - 34 象天法地的棋盘和棋子
图片来源：国家图书馆分馆编，《中国历代围棋棋谱》，北京：北京图书馆出版社，2004 年

而野处，后世圣人易之以宫室，上栋下宇，以待风雨，盖取诸《大壮》。"但这里的"象"不像顾颉刚（1893～1980）先生所理解的那样，是把器物的制作都归于圣人看了易卦的卦象而制作的，而应该看作是对宇宙天地意象的效法，因为《周易》在列举上述"制器尚象"的例子之前已经明确说明，"古者包牺氏之王天下也，仰则观象于天，俯则观法于地，观鸟兽之文与地之宜，近取诸身，远取诸物，于是始作八卦，以通神明之德，以类万物之情"，卦象是对天地意象的参悟，而器物制作中对卦象的取法归根结底还是对天地的模仿，并且，各种早期人类的发明都是经过复杂的、漫长的创造和演变过程的，它们是观念和功能等多方面因素共同作用的结果，绝非仅仅靠研究卦象就能产生的。

还应该指出的是，所谓"制器尚象"、"象天法地"不只是停留于器物制作层面，还是古人对于高尚人格的一种追求，正如《世本·作篇》所说："德象天地曰圣。"②"制器尚象"和"象天法地"是"圣人之道"。

4. 建筑与宇宙的同构

前面对古代器物的分析中已经涉及到建筑与"天圆地方"宇宙模型的关

---

① 六博盘是古代博戏时用的棋盘，其形式模仿式盘的地盘，并有 TLV 等纹样，"六博的风靡，六博艺术主题的风靡，从根本上讲是式所代表的宇宙观念的风靡。"详见李零，《中国方术考》，北京：人民中国出版社，1993 年，第 159～164 页。

② ［汉］宋衷注，［汉］清秦嘉谟等辑，《世本八种·秦嘉谟辑补本》，上海：商务印书馆，1957 年，第 365 页。

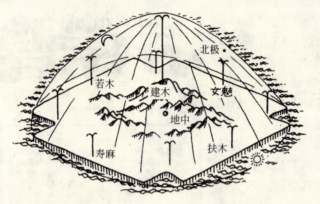

图 2-35 据《楚辞·天问》和《淮南子·天文训》绘制的中国古代的宇宙天地观念示意图

图片来源：陆思贤，《神话考古》，北京：文物出版社，1995年，第58页

系，由以上的分析可见，在建筑中表现宇宙时空意象并非后人的牵强附会，在古代中国文化史上也不是一个特殊的孤例，铜镜、瓦当等许多器物上类似的图像说明，用器物和建筑等表现宇宙图式是古代非常常见的做法，这可以作为古代建筑中蕴涵宇宙和时空意义的重要旁证。可以认为，尽管这些艺术品尺寸悬殊，材质不同，功能各异，但它们都是缩小了的宇宙模型，并且，在古人的观念中，它们不只是一种图像符号，也不仅仅是一种使用"象征"手段的艺术作品，而是还具有巫术礼器般对天地万物实实在在的影响力。这些或大或小的"宇宙模型"成为近年兴起的"宇宙全息统一说"最直观的说明，① 不但印证着中国古代整体的宇宙观和系统思维方式，也证明着中国传统文化的当代价值。

鲁惟一在《升天之路》中认定 TLV 纹在式盘中是对于天盘和地盘最佳状态的模仿②，这些实物上祝愿长乐未央之类的铭文用文字的方式旁证了这种关于"最佳状态"的推断。其实，不但式盘，而且还有铜镜、日晷、建筑等都把一种理想的时空模式作为追求，是理想化的天时、地利、人和状态，是理想化的环境观。

前文已经提到，很多学者，如劳榦、布林克、林巳奈夫等曾指出了规矩纹铜镜与亚字形宫室的相似性，参照中国古代的宇宙天地观念示意图，可以看到它们同宇宙的同构性。在一些考古发现中，已经找到了很多建筑实物例证。比如，在半坡遗址中发现的建筑就与这种宇宙图式十分吻合。

据推测，半坡遗址中编号为 F1 的大房子正方形平面中应有四棵大柱子，柱子上面一定会有四棵横梁用来支撑屋顶。对于一个建筑的遮蔽作用来说，最重要的部分应是屋顶，如果没有这四棵横梁，屋顶就无法存在，从而也就不能成为一个真正的庇护之所，可见横梁的重要。

---

① 刘沛林，《风水——中国人的环境观》，上海：上海三联书店，1995年，第21页。
② Michael Loewe, Ways to Paradise: The Chinese Quest for Immortality, London: George Allen & Unwin, 1979.

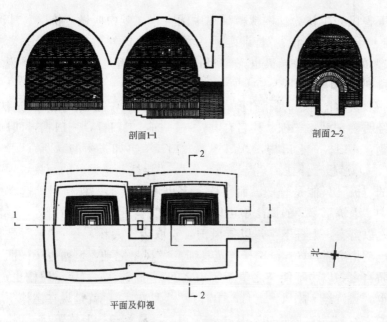

图 2 - 36 《史记》记载,秦始皇陵地宫"上具天文,下具地理",墓顶可能绘有彩画天象。墓葬建筑在东汉初年发展为砖穹隆,上圆下方,图为甘肃武威县管家坡三号墓

图片来源:刘敦桢主编,《中国古代建筑史》,北京:中国建筑工业出版社,1984年,第59页

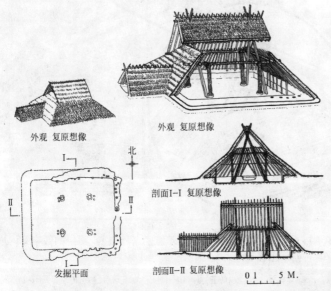

图 2 - 37 半坡遗址中编号为 F1 的大房子

图片来源:刘敦桢主编,《中国古代建筑史》,北京:中国建筑工业出版社,1984年第2版,第23页

王鲁民先生认为这四棵横梁在中国古代文献中叫做"栋"、"极"①，《尔雅·释宫第五》说："栋谓之桴（fú），桷（jué）谓之榱（cuī）。"按照《说文》的解释："栋，极也。""极，栋也。"两者是一回事，但是说它们是横梁则与公认的解释有悖。

一般认为，"极"是指脊檩，或称脊槫（tuán）、正檩等。《营造法式》早已经明确记载："栋，其名有九：一曰栋，二曰桴，三曰檼，四曰棼，五曰甍，六曰极，七曰槫，八曰檩，九曰櫋。"再如张衡的《西京赋》说："跱（zhì）游极于浮柱。""跱"通"置"，"浮柱"是梁上的短柱，置于它上面的"极"只能是脊檩。而"栋"字也不是指那四棵横梁，这在《周易》中"上栋下宇"的说法中可以得到证实："上古穴居而野处，后世圣人易之以宫室，上栋下宇，以待风雨，盖取诸《大壮》。"②"宇"是指屋檐，也泛指房屋，如《淮南子·览冥训》："凤皇之翔，至德也……而燕雀佼（骄）之，以为不能与之争于宇宙之间。"高诱注："宇，屋檐也；宙，栋梁也。"《诗经·豳风·七月》中有："八月在宇"，就是说在屋檐下。按照《说文》："宇，屋边也。从宀，于声。《易》曰：上栋下宇。"栋，即"宙"，既然栋在上，宇在下，栋就只能是指脊檩。脊檩在房屋构件中位于最高处，也是建筑结构上最重要的构件之一，特别是在中国建筑中，屋顶

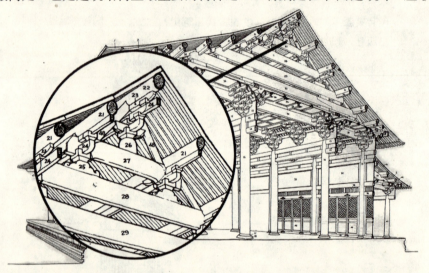

图2-38 宋《营造法式》大木作制度示意图（厅堂）。图中的数字26处蜀柱就是张衡《西京赋》中的"浮柱"
图片来源：本书作者据刘敦桢主编，《中国古代建筑史》，北京：中国建筑工业出版社，1984年第2版，第242~243页图改绘

---

① 王鲁民，《中国古代建筑思想史纲》，武汉：湖北教育出版社，2002年，第11页。
② 《周易·系辞下》。

的地位是最崇高的，不但它在位置上和尺度上最为突出，而且，屋顶还被赋予了极为重大的文化意义，屋顶的形制是判定建筑等级的主要依据，所以，今天人们还把能担负国家重任的人才叫做栋梁之才，屋顶上的脊檩就成了重中之重。

既然按照《说文》的说法，"栋"和"极"是一回事，"极"应该也是指脊檩而不是那四棵柱子上面的横梁，"栋"和"极"是指垂直方向的至高处。

在水平方向，"极"是指大地的最远处，即古代的"四极"和"八极"。

图2-39 马克·安东尼·劳吉亚在《论建筑》中设想了建筑的原型——一个原始的小木屋，它同半坡遗址中的建筑有许多相似之处
图片来源：[美]卡斯腾·哈里斯，《建筑的伦理功能》，申嘉、陈朝晖译，北京：华夏出版社，2001年，第110页

图2-40 亚字形和建筑的关系还可以在金文中通过文字的形象直接看出，如《金文编·附录》中的一些亚字中就有人物形象，描绘了房子和人的关系
图片来源：何新，《诸神的起源》，北京：时事出版社，2002年，第11页

"四极"的说法可以在许多文献中找到，比如：《史记·秦始皇本纪第六》说秦始皇的功德："皇帝之德，存定四极。""烹灭强暴，振救黔首，周定四极。""武威旁畅，振动四极，禽灭六王。"《韩非子·解老第二十》："以为近乎，游于四极；以为远乎，常在吾侧。"《淮南子·墬形训》：

"墬形之所载，六合之间，四极之内，照之以日月，经之以星辰，纪之以四时，要之以太岁，天地之间，九州八极，土有九山，山有九塞，泽有九薮，风有八等，水有六品"，等等。

"八极"也是常见的说法。如，楚辞《九思·逢尤》中写道："周八极兮历九州，求轩辕兮索重华。"《庄子·外篇·田子方第二十一》："夫至人者，上窥青天，下潜黄泉，挥斥八极，神气不变。"《素问·五运行大论篇第六十七》："黄帝坐明堂，始正天纲，临观八极，考建五常。"《素问·阴阳类论篇第七十九》："孟春始至，黄帝燕坐，临观八极，正八风之气"，等等。还有，唐代李贺的诗《秦王饮酒》中有"秦王骑虎游八极"的句子，指的是到八方最远的地方遨游。

如果认为《淮南子》中"断鳌足以立四极"的"四极"不是一般认为的"四柱"，而是四棵横梁，这种观点从文献记载上看也是不能成立的，"断鳌足以立四极"应当理解为把鳌足树立在大地的四方最远处，即"四极"，支撑起天穹，鳌足被用做"四柱"，这与各种类似神话中的描述也更加契合。

"四极"是指地之"四极"，而非指天极，因为天在古代被认为是圆形的，不具备明确可见的"四极"特征。比如，《尔雅·释地第九》这样解释"四极"："东至于泰远，西至于邠（bīn）国，南至于濮铅，北至于祝栗，谓之四极"，就是说的地之"四极"。而"天极"往往同四方无关，它指的是中宫天极星①，所以，如前所述，"极"，即"宙"，垂直方向上指宇宙的最高处，具体到建筑中，就是脊檩；而水平方向上"极"或"宙"则指空间的最远处，具体到建筑中，就是"四柱"。

从"极"字的用法上，可以见到建筑和宇宙空间结构的相似之处，同时，"极"被引申为最、非常、尽头、极点等意思，正好与时间无限绵延的性质相通，从而，建筑不仅从形式结构上看与无限的空间相关，而且，其最重要的构件还代表着无限的时间。

王鲁民先生还认为"阿"字也是指的四棵横梁②。这和常见的解释也有所不同。

在《说文》中有："阿，大陵也。一曰曲阜也。从阜。"而"阜"则是土山，"阜，大陆山无石者，象形，凡阜之属皆从阜。"如《荀子·赋篇》中有："生于山阜。"一般认为，"阿"指的是屋角处翘起的屋顶，比如，《古诗十九首·西北有高楼》有："阿阁三重阶。"讲的是高大的阁楼的形象，在王勃的《滕王阁序》中有"访风景于崇阿"，这里的"阿"也是指

---

① 《史记·天官书第五》："中宫天极星，其一明者，太一常居也。"《史记·秦始皇本纪第六》："焉作信宫渭南，已更命信宫为极庙，象天极。"
② 王鲁民，《中国古代建筑思想史纲》，武汉：湖北教育出版社，2002年，第11页。

大山。始皇营建阿房宫，其名称由来也有不同说法。颜师古说："阿，近也。以其去咸阳近，且号阿房。"而《索隐》却说："此以形名宫也，言其宫四阿旁广也。"① 借山丘的形态而用"阿"形容高大的屋顶似更可取，古书中的"四阿"或"四注"应该指的是四坡屋顶。如《周书》曰："明堂咸有四阿，然则阁有四阿，谓之阿阁。"郑玄《周礼》注曰："四阿，若今四注者也。"② 至于"阿"能不能用来指横梁还可商榷。

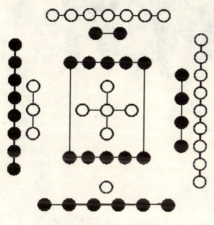

图 2-41 河图

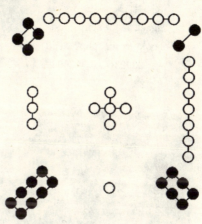

图 2-42 洛书

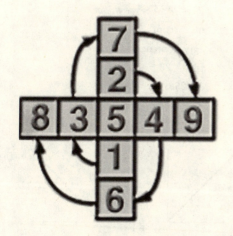

图 2-43 河图十字架

图 2-44 洛书九宫图

① [清]顾炎武，《历代宅京记》，北京：中华书局，1984 年，第 40～41 页。至于"阿房"的含义和来历的各种观点详见何清谷，《三辅黄图校释》，北京：中华书局，2005 年，第 53 页，此处不再过多讨论。

② 见《文选·卷三十四》。另，张良皋先生认为"四阿"是正方形建筑平面，而不是"四柱"、"四注"或庑殿顶，因其没做详解，只能聊备一说。张良皋，《匠学七说》，北京：中国建筑工业出版社，2002 年，第 39 页。

图 2-45 马家窑"+"字网纹彩陶壶
图片来源：www.ggact.com/guestbook/read.php?artid=33922&... 2006.3.22.

图 2-46 半坡人面鱼纹盆
图片来源：www.ccnt.com.cn/html/agjy/content.php?file=26-05. 2006.3.26.

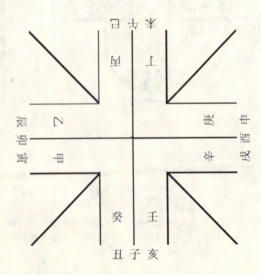

图 2-47 典型的钩绳图
图片来源：陶磊，《〈淮南子·天文〉研究——从数术史的角度》，济南：齐鲁书社，2003年，第40页

尽管这四棵横梁的名字与"宇宙"、"极"的关系还有待探讨,王鲁民先生对半坡F1的文化学阐释应该是能够成立的。

他认为,从四棵柱子开始把半坡F1平面的四个角挖掉,就会剩下建筑的主导空间,也就是最便于使用的空间,其形状是个十字形,也就是金文中的亚字形。亚字形被认为是古代宗庙明堂的平面形状,具有非同一般的重要意义,根据《洛书》画出的九宫图和根据《河图》画出的亚字形其实是相通的,九宫图如果去掉四隅就是亚字形,而《河图》、《洛书》正是易学推演的起点——"河出图,洛出书,圣人则之。"①

如果继续在半坡F1平面的亚字形上按照八个主要方位画四条直线,就会得到"+"和"✕"字形状,"✕"字形线段尽端若加上表示亚字形平面四隅的标记,就构成"✳"形状。早在青海马家窑新石器时代文化遗址中就有四圆圈"+"字纹彩陶壶和四圆圈"+"字网纹彩陶壶等,说明"+"字形符号在新石器时代就产生了。钱志强先生在《半坡人面鱼纹新探》中也发现仰韶出土的人面鱼纹盆沿的图案连接起来就是"+"和"✳"字形状②。这两种形状还大量出现在汉代的日晷、铜镜和轼盘上常见的钩绳图中,商周青铜器上也常见亚字形③。"+"和"✳"的形状一方面来自于八个主要方位,"+"指向东、南、西、北"四正","✳"指向东北、东南、西南、西北"四维",是对空间高度抽象的结果,另一方面,这两个形状又正好是金文和甲骨文中的"甲"字和"癸"字,而这两个字是十天干中的首尾两字,这些难道是出于巧合吗?这要先从干支的起源和含义说起。

关于干支的起源,说法不一。

《世本·作篇》有"大挠作甲子",张澍注曰:"澍按《月令章句》云:太桡探五行之精,占斗纲所建,于是始作甲乙以名日,谓之干;作子丑以名月,谓之支。干支相配以成六旬也。又按,汉《律历志》:伏羲有甲子元历。陈鸣《历书序》云:伏羲推策作甲子。是太昊时已有甲子,至大挠

---

① 《周易·系辞上》。关于十数图和九数图何为河图,何为洛书,说法不一。有人直接把九宫图和河图划等号,如东汉刘瑜认为:"古者天子一娶九女,娣侄有序,《河图》授嗣,正在九房。"见《后汉书·卷五十七》。北宋的刘牧也明确认定九宫图就是河图:"论曰:昔宓牺氏之有天下,感龙马之瑞,负天地之数,出于河,是谓龙图者也。戴九履一,左三右七,二与四为肩,六与八为足,五为腹心。纵横数之,皆十五。盖《易·系》所谓'参伍以变,错综其数'者也。"见刘牧,《易数钩隐图·遗论·九事》,《文渊阁四库全书电子版》,上海:上海人民出版社、迪志文化出版有限公司,1999年。后经朱熹确认,十数图为河图,九数图为洛书的观点才被后世普遍接受。见张其成,《易图探秘》,北京:中华书局,1999年,第112页。
② 钱志强,《半坡人面鱼纹新探》,《美术》,1988年第2期,第50~53页。
③ 《淮南子·天文训》说:"子午、卯酉为二绳,丑寅、辰巳、未申、戌亥为四钩。"

特配甲子作纳音耳，非甲子始太桡也。"① 甲子始于大挠还是伏羲的猜测上溯到古史的传说时代，没有物证，据现代学者考证，早在殷商时期，就有了完整系统的干支表，有甲骨刻辞为证②。而使用干支纪年的方法，一般认为是从东汉建成三十年（公元54年）开始，延续至今从未间断。

干支次序表　　　　　　　　　　　　　　　　　　　表2-3

甲子	乙丑	丙寅	丁卯	戊辰	己巳	庚午	辛未	壬申	癸酉
甲戌	乙亥	丙子	丁丑	戊寅	己卯	庚辰	辛巳	壬午	癸未
甲申	乙酉	丙戌	丁亥	戊子	己丑	庚寅	辛卯	壬辰	癸巳
甲午	乙未	丙申	丁酉	戊戌	己亥	庚子	辛丑	壬寅	癸卯
甲辰	乙巳	丙午	丁未	戊申	己酉	庚戌	辛亥	壬子	癸丑
甲寅	乙卯	丙辰	丁巳	戊午	己未	庚申	辛酉	壬戌	癸亥

最早的天干用于记日，象征阳，其依据是每年有十个不同的太阳轮流在天上值日③；十二地支常用来纪月、纪岁，象征阴，它根据月亮——太阴每年十二次的圆缺周期。《五行大义》中说，大挠"采五行之情，占斗机所建，始作甲乙以名日，谓之干，作子丑以名月，谓之枝。有事于天则用日，有事于地则用月。阴阳之别，故有枝干名也。"北宋邢昺（bǐng）的《尔雅疏》也说："此别太岁在日在辰之名也。甲至癸为十日，日为阳；寅至丑为十二辰，辰为阴。"后来又有干支相配，这种演变顺序应该是没有问题的。而一般所说的中

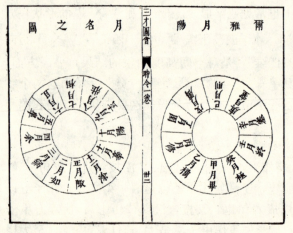

图2-48
尔雅月阳月名之图
图片来源：[明]王圻、王思义，《三才图会》，上海：上海古籍出版社，1988年，第888页

---

① [汉]宋衷注，[清]秦嘉谟等辑，《世本八种·张澍萃集补注本》，上海：商务印书馆，1957年，第9页。
② 见王海棻，《古汉语时间范畴词典》，合肥：安徽教育出版社，2004年，第26页。另据王昆吾先生的考证："十二支名是产生于太阳祭典、商王祭典和古代纪时之法的一套符号。"见王昆吾，《中国早期艺术与宗教》，上海：东方出版中心，1998年，第29页。
③ 有关"十日"神话的记载很多。如：《山海经·大荒南经》："帝俊之妻，生十日。"《山海经·海外东经》："下有汤谷。汤谷上有扶桑，十日所浴，在黑齿北。居水中，有大木，九日居下枝，一日居上枝。"《庄子·齐物论》："昔者十日并出，万物皆照。"《左传》昭公元年："天有十日。"杜预注曰："甲至癸。"《淮南子·本经训》："逮至尧之时，十日并出，焦禾稼，杀草木，而民无所食。"

国农历为阴历实际上是不全面的，中国农历应该算作阴阳合历①。

所谓"干像圆天，支像方地"，由于天尊地卑，天干就是主，地支就是从，干支相配，实际上是地支辅助天干，这从"干支"二字的原始含义上也能证实。天干在古代

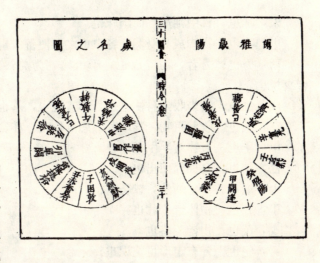

图 2 - 49
尔雅岁阳岁名之图
图片来源：[明]王圻、王思义，《三才图会》，上海：上海古籍出版社，1988年，第889页

写作"天幹"或"天榦"，即树干的"幹"或"榦"；地支在古代常写作"地枝"，即树枝的"枝"，干者，幹（榦）也；支者，枝也。树枝从属于树干。干支的每个字都来源于植物一年内各个季节生长的意象，关于这一点，有如下说法为证：

"子，孳也。阳气始萌，孳生于下也。于《易》为坎。坎，险也。

丑，纽也。寒气自屈纽也。于《易》为艮。艮，限也。时未可听物生，限止之也。

卯，冒也。载冒土而出也。于《易》为震。二月之时，雷始震也。

辰，伸也。物皆伸舒而出也。

巳，巳也。阳气毕布，巳也。于《易》为巽。巽，散也。物皆生布散也。

午，仵也。阴气从下，上与阳相仵逆也。于《易》为离。离，丽也。物皆附丽阳气以茂也。

---

① 关于天干地支，学术界仍然有一些不同的说法。有一种观点认为，十天干是用来纪月而不是纪日的。如刘尧汉、卢央在《彝族天文学史》中所称的每年十个月的"彝夏十月历"。还有何新先生的说法："上古时代可能实行过这样一种历法：把一年的周期，划分为十个等分，或者说，划分为十个太阳'月'。然后每月用十干中的一个字为其命名，……这种纪月方法的依据，是这样一个观念：每年有十个不同的太阳在天空运行。……它也符合殷商人崇尚'十'数的观念。但是作为一种纪年法，它当然是很不准确的。而其误差不断积累的结果，就必定会在某一年，终于造成历法的全面混乱。"羿射十日的神话"实际上是暗示了一场重大的历法改革。"见何新，《诸神的起源》，北京：时事出版社，2002年，第223页。另外，连关于"十日"就是"自甲至癸"十天干的说法，也受到茅盾先生的质疑，他认为，"十日"神话发生在没有"支干"的原始时代，和"支干"没有关系。见茅盾，《神话研究》，天津：百花文艺出版社，1981年，第187页。另注，其他民族也有类似的神话，如缅甸的神话中，大力士东勃洛射掉六个太阳，只剩下一个留在天上。见张玉安，《东南亚神话的分类及其特点》，《东南亚纵横》，1994年第2期，第15页。

未，昧也。日中则昃，向幽昧也。

申，身也。物皆成其身體，各申束之，使备成也。

酉，秀也。秀者，物皆成也。于《易》为兑。兑，悦也。物得备足，皆喜悦也。

戌，恤也。物当收敛矜恤之也。亦言脱也，落也。

亥，核也。收藏百物，核取其好恶真伪也。亦言物成皆坚核也。

甲，孚也。万物解孚甲而生也。

乙，轧也。自抽轧而出也。

丙，炳也。物生炳然，皆著見也。

丁，壮也。物体皆丁壮也。

戊，茂也。物皆茂盛也。

己，纪也。皆有定形可纪识也。

庚，犹更也。庚，坚强貌也。

辛，新也。物初新者，皆收成也。

壬，妊也。阴阳交，物怀妊也。至子而萌也。

癸，揆也。揆度而生乃出之也。"①

有一种观点认为，十天干是用来表示空间方位的，十二地支则用来表示时间，但是，由于时间的确定是依据日月在不同时刻的方位变化，知道了时间也就知道了空间的方位，反过来，知道了空间方位，也就知道了时间，直到今天，用手表的指针也可以很方便准确地确定方向②，所以，中国人认为时间和空间是一个互动的整体，从而创造出把天干和地支结合起来记时的六十花甲子，十天干不只是用来表示空间方位的。如在陶弘景的《养性延命录·御女损益篇第六》中就有这种说法："既避此三忌，又有吉日，春甲乙，夏丙丁，秋庚辛，冬壬癸，四季之月戊己，皆王相之日也。宜用嘉会，令人长生有子必寿。其犯此忌，既致疾，生子亦凶夭短命。"③ 这里出现的天干就是说的时间。

古代天文学中的"天球说"，即"浑天说"，就是把天赤道从东向西划分为十二个方位，以十二地支标记，称为十二辰。十二辰以正北为子，向东、向南、向西依次是丑、寅、卯、辰、巳、午、未、申、酉、戌、

---

① [汉] 刘熙《释名》。见《文渊阁四库全书电子版》，上海：上海人民出版社、迪志文化出版有限公司，1999年。

② 在北半球用手表来确定方向的方法是：将手表平放，时针指向太阳，时针与12点形成的夹角的平分线即为南方。或者把当时的时间（按24小时计算）除以2，然后推算出的时针方向与太阳对齐，这时，12点所指的就是北方。

③ 见道藏研究所编，《正统道藏》，北京：文物出版社，上海：上海书店，天津：天津古籍出版社，1988年影印版，18～485。

亥，其中，正北为子，正东为卯，正南为午，正西为酉。《黄帝内经·灵枢·卫气行》所说的"子午为经，卯酉为纬"即指此而言。这种天干和地支的结合说明，"甲"字和"癸"字同时具备表示空间和时间的作用。①

在表示空间方面，天干和东南西北中五个方位以及五行都具有对应关系。它们按照"东方甲乙木，南方丙丁火，中央戊己土，西方庚辛金，北方壬癸水"的关系对应，其中，甲和癸分别对应东方和北方。

据《说文》，"甲（🜍）：东方之孟阳气萌动。从木戴孚。甲之象，一曰人头宜为甲，甲象人头。凡甲之属皆从甲。古文甲始于十，见于千，成于木之象。"这同前面所说的甲"像草木破土而萌"观念上是一致的。"甲"和东方对应，从顺序上讲，"甲"居首位，"日用甲，用日之始也"②，古文的"甲"字最早的写法为"十"，但这个"十"不是数字"十"，许慎说的"古文甲始于十"被很多后世学者指摘为错误，因为，古代的数字"七"实际上多写作"十"③。但如果把"古文甲始于十"中的"十"仅仅理解为"甲"字最早的写法"十"，即不表示数字的十字形状，则许慎的说法不见得就是错误的，因为许慎的"始于十，见于千，成于木之象"或许只是说的字形，并无论及数字的意思，否则，就很难理解许慎为什么把数字和树木的形象——即"木之象"——放在一起说。看来，那种批评"许慎的第一条解释还沾边，值50分；第二条解释让'象形'牵着鼻子走，说'甲象人头'，越解越惑；第三条是胡说"④的说法也许太武断了。

《说文》在注释数字"十"的时候说："十，数之具也。'一'为东西，'丨'为南北，则四方、中央备矣。"可见，表示数字的"十"字也不是单纯表示数字的符号，它还表示方向，即子午、卯酉"二绳"，作为一种符号，它和作为"甲"字的"十"是相通的。⑤

---

① 天干在商代还被用于商王名号。在商王中，"自上甲微至帝辛止，三十七王，无不以十干为名。"见［美］张光直，《商王庙号新考》，《中国青铜时代》，北京：三联书店，1983年，第136页。
② 《礼记·郊特牲》："社祭土而主阴气也，君南乡，于北墉下，答阴之义也。日用甲，用日之始也，天子大社，必受霜露风雨，以达天地之气也。"
③ "罗振玉先生说：'古文七字皆作十，无同文篆文作🜍者。古金文中七字中罕见，惟尖足小布幕纪数字皆作十，与卜辞正合，直至汉器铭识尚尔。'"见罗振玉，《殷墟书契考释》。转引自叶舒宪、田大宪，《中国古代神秘数字》，北京：社会科学文献出版社，1998年，第246页。
④ 王显春，《汉字的起源》，北京：学林出版社，2002年，第69页。
⑤ 常正光先生也认为："事实上殷人据出入测得的四方是以槷（niè）表影为中心的四方，是以东西线与南北线相交点为中心的四方，这两条线相交构成'十'字形。"常正光，《阴阳五行学说与殷代方术》，艾兰、汪涛、范毓周主编，《中国古代思维模式与阴阳五行说探源》，南京：江苏古籍出版社，1998年，转引自道南正脉，《释"十"——兼论四段循环式》http://www.gf99.cn/article.asp?id=1183.2006.3.28。

至于"癸"字，在《说文》中是这样解释的："癸（※）：冬时水土平，可揆度也，象水从四方流入地中之形。癸承壬，象人足。凡癸之属皆从癸。"癸字的字形是相交的两条水沟，这两条水沟是冬天用来测定水平的，癸字的本义是测度、量度，按照水位就能测定四方的高低水平。在五行和季节的对应关系中，冬天对应着北方，"癸"对应冬季，也对应着北方。如果"甲象人头"而位居首位的话，癸因为"象人足"而在时间顺序上就应该位于最后。

在表示时间方面，"甲"字和"癸"字比其它天干占有更加重要的地位，它们就像两个重要的标志点，用甲、癸这两个天干首尾字就能指代全部十个天干，这就好比《启示录·第一章·第八节》中上帝用希腊字母表的首尾字母自称，以声明自己的无所不在和无所不能："主神说，我是阿尔法，我是奥密伽①，是昔在今在以后（永）在的全能者。"这种方式类似于修辞中的借代，即用本体的某一方面特征或本体的一部分来代替本体的整体。在汉语中许多表示时间的词语里，这种以首尾两个时间点指代整个时间段的用法屡见不鲜，像始终、早晚、朝暮等。卡西尔（Cassirer，E. 1874~1945）把这种用法叫做"部分代整体"（Parsprototo）原则②。按照人们的日常经验，早晨的太阳和晚上的月亮从东方升起，用表示东方的"甲"字表示一天的开始是很自然的事，日月经过一天或一夜的运行，经过南方，到西方后就消失不见，人们猜想它们一定去了北方，第二天，经过一个循环周期，它们又从东方升起，所以，古人用表示北方的"癸"字表示一天或一夜的结束。在更大的周期——月和年中，这种从东方开始，北方结束的观念也是适用的。

从上述文字学方面的讨论可以得出结论，那就是，"甲"字和"癸"字是同时表示空间和时间的符号，是对宇宙的抽象化，在建筑遗址中的亚字形平面实际上就是一种巨大的"甲"字和"癸"字，这巨大的符号中蕴含的空间和时间意义与作为文字的"甲"字和"癸"字含义别无二致，作为巨大的立体建构，建筑比文字、铜镜、式盘等形式能够更形象地模仿古人推测的宇宙模型，按照"互渗"的原则，建筑直接被当作了宇宙。

在半坡F1平面中，甲、癸图形代表了全部的时间和空间，其具体手法就是用最具有典型性的八个方位表示全部方位，又用最具代表性的时间轮回的起始点——甲和癸来代表全部时间，这样，建筑就作为大体量的符号代表了全部宇和宙，并且形象地揭示出时间和空间的关联。这种对宇宙

---

① 阿尔法（A）、奥密伽（Ω）乃希腊字母表首末二字。
② ［德］卡西尔，《语言与神话》，北京：三联书店，1988年。

的模仿并非出于艺术表现的需要，因为那个时候还没有今天的所谓"艺术"概念，古人带着强烈的时空意识建造其居所，就是要达到天人和谐的目的，而这对于古人的生存是至关重要的。

佛尔斯脱（Peter T. Furst）曾描述了一种萨满教的宇宙结构，即在纵向上宇宙分上中下三层，每一层还能再分，各层中间有一个柱子，叫做"世界之轴"，在横向上，又有东西、南北两条横轴把空间分成四个象限，于是，水平方向上，世界构成一个无限大的田字，并且，不同的方向对应不同的颜色[①]。这种意象和中国古代的宇宙图式不谋而合，但是，中国宇宙图式中的水平向度上不是构成田字，而是亚字形或九宫格。亚字形实质上和九宫格是一样的，它只不过是把九宫格的四隅去掉而得出的，或者，也可以认为九宫格是在亚字形基础上的细分，亚字形指示了四方和中央，而九宫格还包囊了四隅。

选择亚字形或九宫格而不是田字表示四面八方是更符合人在空间中的感受的做法，因为田字格的四个正方向实际上已经被抽象成两条没有宽度和面积的假想轴线，而设身处地地想象一下，任何人头脑中的四方也不会没有宽度，所以，如果把自己站立的位置当作中央并用有一定面积的方形表示的话，那么，东西南北四个方向就很自然地从这个中间的方形延伸出去，在四个方位各自形成一个方形，这就是亚字形，剩下的四隅也不能没有，如果把四隅也看作有形状有面积的话，自然也是四个方形，所有方形连接起来，正好就是一个九宫格，四隅虚设的亚字形不能认为是不完善的，而应该看作一种更加精炼的概括。亚字形是四方和五位的统一，九宫格则是四方、四隅和中央这九个方位的统一，它们能同时指示出方向和空间位置，而田字格的纵横两轴则只能指示出方向，即有方而无位，位置的确定要两条轴共同限定，确定其坐标点（x, y）才行。

并且，亚字形的空间结构也符合中国传统中"仰观俯察"的观察方式，这和西方人用正交于原点的三根轴线表示空间的三个向度有很大不同。西方的这种"笛卡儿坐标系"强调一个固定的原点，人作为观察者，站在这个原点上，向三个轴向投射目光，看到一种焦点透视的画面，他们的空间是从一个定点向外发散的，其趋向是"分"；而中国的传统空间则不是基于固定的视点来把握的，人在空间中是运动的，多视角的，空间从外部向内部会聚，其趋向是"合"，空间因此被叫做"六合"，这种观察方式产生的是动态的散点透视画面，亚字形则是"六合"在平面上的投影。

[①] Shamanistic Survials in Mesoamerican Religion, Acts del XL1 Congress International de Americanistas, Mexico. vol. Ⅲ (1976), pp. 149～157. 见张光直，《美术、神话与祭祀》，郭净译，沈阳：辽宁教育出版社，2002年，第110页。

何新先生认为，亚字形源于象征太阳的十字，太阳光芒照遍宇宙，于是，亚字就代表宇宙①。此说似乎把思路引向了歧路。尽管太阳在人们心中占有重要地位，但是，它只是宇宙中的一个存在，还不足以代表整个宇宙。而从亚字形所具有的指示中央及四方的功能以及古代时间观念和空间的联系中，则可以知道，亚字形是对空间和时间的高度抽象，因而，不必经过对太阳意象的转换，亚字形直接就是宇宙的符号。

尽管亚字形是被当作理想的宇宙模型图式应用在建筑平面上，但是，出于对功能的要求，建筑形式具有多样性，不可能在所有建筑上都采纳同一种形式。随着生产力的发展，人类对建筑功能的需求越来越复杂，从原始的建筑原型出发，建筑走向复杂化、多样化，只是在意义比较重大的建筑上，才会不顾使用功能的要求而仍然按照理想化的宇宙观念来建造，所以，在考古发现的建筑遗址中，呈现亚字形平面的建筑一般都是相对重要的建筑，比如，身份高贵的墓主人的墓葬以及礼制建筑等。②

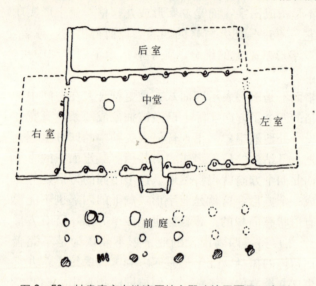

图2-50 甘肃秦安大地湾原始宫殿建筑平面呈亚字形格局

图片来源：陆思贤、李迪，《天文考古通论》，北京：紫禁城出版社，2000年，第120页

---

① 何新，《诸神的起源》，北京：时事出版社，2002年，第11页。
② "礼制建筑"按照《华夏意匠》的说法就是"《仪礼》上所需要的建筑物或者建筑设置，再或者是'礼部'本身的所属建筑物。例如为'祭祀'而设的郊丘，宗庙，社稷，为宣传教育（教化）而设的明堂，辟雍，学校等就均属'礼制建筑'之列。"李允鉌，《华夏意匠》，香港：香港广角镜出版社，1982年，第100页。

第三章 建筑中的时空转换

黑格尔《美学》鲍申葵英译本注说:"音乐只有在一顷刻中是实际听到的(是感性的),在这一顷刻以前所听到的音乐是记忆起来的(是观念性的);图画只是平面,立体是推断出来的(即观念性的);诗中尽管也有感性因素(如色、声、形等),但是不直接呈现于感官,而是通过语言文字引起观念的。"① 按照这种说法,建筑作为物质实体虽然是物质性的,但是,它的空间和时间却是"观念性的",因为,对于置身于建筑中的人来说,他能够现时把握的空间只能是局部的,建筑中其余部分的空间也"只是在记忆里存在",而时间作为无形的因素,更加是"观念性的"了。建筑作为物质的存在,其空间、体量、色彩、材质等因素可以借助人的感官被人把握,其空间感对于人类来说,具备相应的感官媒介,而时间则缺少这样的媒介,所以,建筑中对时间观念的表达只能依靠向空间的转换才可能做到,前文已经讨论了这种转换的可能性,以及在艺术中转换过程的必然性,下面则将从时间的点截性、时序和方向性这几个主要属性出发具体探讨中国传统建筑中时空的转换方式。

第一节 时刻——不同价值的时间点

有很多人认为,原始人类的思想比起现代人要简单许多②。说原始人的思想简单,不能从他们智力低下的意义上去理解,而只能认为他们当时掌握的知识太少,没有很多更复杂思维所需的素材,才不失公允。即使在

---

① [德]黑格尔,《美学》第一卷,朱光潜译,北京:商务印书馆,1979年,第109页。
② 如茅盾(1896~1981)就说过:"原始人的思想虽然简单,却喜欢去攻击那些巨大的问题,例如天地缘何而始,人类从何而来,天地之外有何物,等等。他们对于这些问题的答案便是天地开辟的神话,便是他们的原始哲学,它们的宇宙观。"茅盾,《神话研究》,天津:百花文艺出版社,1981年,第163页。

图3-1 想像中的"大爆炸"

图片来源：http://www.space-art.co.uk/images/artwork/formations/Big-Bang.jpg

这样一种情况下，他们探索宇宙奥秘的好奇心甚至远远超过许多当代人，不仅如此，宇宙对于他们的意义也远远比对于现代人重大，因为宇宙和其中的神灵与他们的生存息息相关。正因为如此，宇宙在他们那里就具有了神圣的意义。不但广大莫测的空间因为容纳了神灵而变得神圣，而且，时间中的某些时刻因为和宇宙的创生、宇宙中的某些重大事件相关也具有了神圣的价值，特别是宇宙创生的那一刻就具有了原点的性质，就像笛卡儿坐标系假定给空间一个原点一样。

　　认为物质世界有"开端"和"终结"，就是认定时间的有限性，从而导致"开端"之前和"终结"之后没有任何物质和时间空间的结论，在神学家那里，最终必然求助于为世界的"开端"设想一个造物主。今天被科学界广泛认同的霍金（Stephen Hawking, 1942～）的宇宙就是一个在大爆炸中无中生有的宇宙，时间的起点就是大爆炸的瞬间。而在人类文明的

图3-2 米开朗琪罗的天顶画《创世纪》之"神分光暗"

图片来源：http://upload.wikimedia.org/wikipedia/commons/7/78/Michelangelo_Buonarroti_018.jpg

开始阶段，由于对世界认识的有限性，时间的起点是造物主创世的一刻，这个"开端"被赋予神圣的意义。

《圣经》的《创世纪》开篇就说到了世界的创造："起初神创造天地。地是空虚混沌。渊面黑暗。神的灵运行在水面上。神说，要有光，就有了光。神看光是好的，就把光暗分开了。神称光为昼，称暗为夜。有晚上，有早晨，这是头一日。"在创世纪的"头一日"之前是

图3-3 南阳唐河针织厂有盘古形象的汉画像石
图片来源：http://www.nongli.com/Files/RoUpimages/018_pangu2.jpg

没有时间的。那么，在时间产生之前有上帝吗？如果有，他在是否已经存在于他自己的时间中？他是否也受制于某种时间而不再是全知全能的永恒存在？如果没有，那么，创世的时间表"头一日"、"第二日"直到"第七日"又从何说起呢？以奥古斯丁为代表的西方神学家们为了维护上帝的永恒性，断然认定，上帝不在时间之中，他是超然的存在，时间只不过是上帝的造物而已。众多神学家为了回应上述的疑问，从各种角度提出了回答，以维护神的尊严，在这个过程中，关于时间的思考得以展开、推进。

三国时吴人徐整的《三五历纪》记述盘古开辟天地的过程也是说的世界的开始："天地混沌如鸡子，盘古生其中，万八千岁，天地开辟，阳清为天，阴浊为地，盘古生其中，一日九变，神于天，圣于地，天日高一丈，地日厚一丈，盘古日长一丈，如此万八千岁，天数极高，地数极深，盘古极长。故天去地九万里。后乃有三皇。天气蒙鸿，萌芽兹始，遂分天地，肇立乾坤，启阴感阳，分布元气，乃孕中和，是为人也。首生盘古，垂死化身。气成风云，声为雷霆，左眼为日，右眼为月，四肢五体为四极五岳，血液为江河，筋脉为地理，肌肉为田土，发为星辰，皮肤为草木，

齿骨为金石，精髓为珠玉，汗流为雨泽。身之诸虫，因风所感，化为黎甿（méng）。"① 中国的创世神话具有悲剧色彩，盘古用自己的身体和生命化作世上万物，功成身死，是个顶天立地的英雄，他受制于时间；而《圣经》中的上帝则在创世之后仍然行使着统治权，是个至高无上的永恒的统治者，他在时间之外，是个超越者。

宇宙的开始不仅是空间的创造，也是时间的创造，时间之神在许多创世神话中具有创世主的地位。

古代希腊的创世神话说，不老的时间之神（Héraclès）制造了一个极大的蛋，它的两半就是天和地②。

在英语中，"kronos"是表示时间的词根，由它派生的词有 chronical、chronological、chronic 等，都与时间有关，这个词根的来源也是希腊神话。在神话中，克罗诺斯在大地女神盖娅（Gaia/Gaea）的唆使下篡夺了第一代天神统治者乌兰诺斯（Uranos/Uranus）的王位，成为宙斯之前的第二代天神之王③。

图3-4 具有特殊价值的时刻。斯洛文尼亚的一场婚礼
图片来源：本书作者摄

在《庄子》讲述的另一个版本的中国创世神话中，宇宙是由时间之神"儵"和"忽"从"浑沌"中创造的④。南海之帝"儵"和北海之帝"忽"受到中央之帝"浑沌"的善待，图谋报答，用了七天时间为浑沌开了七窍，却害死了

---

① 南朝梁代的任昉在《述异记》中也说到盘古："昔盘古之死也，头为四岳，目为日月，脂膏为江海，毛发为草木。秦汉间俗说，盘古头为东岳，腹为中岳，左臂为南岳，右臂为北岳，足为西岳。先儒说，盘古氏泣为江河，气为风，声为雷，目瞳为电。古说，盘古氏喜为晴，怒为阴。吴楚间说，盘古氏夫妻，阴阳之始也。今南海有盘古氏墓，亘三百余里，俗云后人追葬盘古之魂也。桂林有盘古氏庙，今人祝祀。"
② [法]罗斑，《希腊思想和科学精神的起源》，陈修斋译，北京：商务印书馆，1965年，第49页。
③ 在希腊文中，chronos 和 kairos 都表示时间。Chronos 是以时钟计量的、均质的、机械的时间，是量的时间，是有方向的线；而 kairos 则是恰当的时机、有意义的时间点，是关于质的时间，是历史上的一些有不同价值的"点"，它不是均质的。
④ "儵"和"忽"是时间之神的说法见袁珂《中国神话传说》第66页："混沌被儵、忽——代表迅疾的时间——凿开了七窍。"转引自叶舒宪，《中国神话哲学》，北京：中国社会科学出版社，1992年，第258页。

浑沌①。浑沌是宇宙的本原，浑沌死了，宇宙的秩序才清晰起来，才有了明确的结构。

毫无疑问，创世的时刻具有无比神圣的意义，它与其他时间不是同质的，米尔恰·伊利亚德（Mircea Eliade，1907～1986）据此把时间分为世俗时间和神圣时间，世俗时间转瞬即逝，神圣时间则是永恒的。伊利亚德认为，原始建筑是作为"显圣物"的存在②，拉丁语中的圣殿（Templum）和时间（Tempus）具有相同的词源，这种关系表明，神圣的建筑场所是对神圣时间的纪念，原始建筑的建造和其中的仪式是神圣时间的象征性重演。

世俗时间常常被某些具有特殊价值的神圣时刻打断，其中最典型的就是那些节日和纪念日，被人们企盼、庆贺、纪念、留恋③。不但时间具有神圣与世俗之分，空间也不是均质的，空间中的显圣物打断了均质的世俗空间，把自己确立为"世界的中心"，并依据这个基点确定方位，进而构建起世界的空间结构。神圣空间和神圣时间统一在创世的事件中，时间上的一个非同寻常的点和空间上的一个同样非常的点在奇迹中重合在一起。

神圣空间存在于纪念性建筑、宗教建筑和礼仪性建筑，作为显圣物，它们从世俗的、一般性的空间中突现出来，并借助一定的通道，比如门、窗、中霤、柱子、阶梯等，甚至仅仅一根代表宇宙轴心的木杆，实现人神的交往。神圣空间的诞生把混沌空间整顿为一个有秩序的宇宙，一个世界，一个定居之所。《圣经》的创世纪和中国的盘古开天神话都是关于在混沌中筑造第一个场所的记载，神圣空间就是能够不断唤起对神圣时刻回忆的心灵安顿之所。对混沌的整顿是宇宙的起源，而各种宗教仪式、纪念性活动、节日，以及纪念性建筑和宗教建筑的建造活动，都被认为是对创世时刻的一再回归和重演。

同时，神圣空间也存在于古代所有城市的创造中，"城市的创立等于某种宇宙的起源。每一座新城市都标志着世界的一个新的开端。"④ 城市的

---

① 《庄子·内篇·应帝王第七》："南海之帝为儵，北海之帝为忽，中央之帝为浑沌。儵与忽时相与遇于浑沌之地，浑沌待之甚善。儵与忽谋报浑沌之德，曰：'人皆有七窍以视听食息此独无有，尝试凿之。'日凿一窍，七日而浑沌死。"

② Hierophany，见［罗马尼亚］米尔恰·伊利亚德，《神圣与世俗》，王建光译，北京：华夏出版社，2002年，第2页。

③ 我国的岁时生活蔚为大观，记载有关内容的书籍也很丰富，其中，代表性的有南朝梁宗懔的《荆楚岁时记》、唐人的《辇下岁时记》、《秦中岁时记》、《四时宝镜》，宋代的《岁时杂记》、《岁时广记》、《乾淳岁时记》、《东京梦华录》、《梦粱录》，明代的《酌中志》、《熙朝乐事》、《皇朝岁时杂记》，清代的《燕京岁时记》、《帝京岁时纪胜》、《清嘉录》、《燕京岁时记》等。

④ ［罗马尼亚］米尔希·埃利亚德，《神秘主义、巫术与文化风尚》，宋立道、鲁奇译，北京：光明日报出版社，1990年，第27页，着重号原书即有，米尔希·埃利亚德即米尔恰·伊利亚德。

创造不仅是有意义的空间的创造,也是对神创造时间起点的重演。

在所有的原始文明中,过去、现在和未来,往生、现世和来世,对生命来源的好奇和崇拜、对死亡的恐惧和现世的对策,往往体现在建筑中。出于对神圣时间的敬畏,人们营建了许多纪念性建筑,人们还常常选择具有重大意义的时刻作为建筑构思的灵感来源,这种做法在现代建筑中也是经常能见到的。

比如,"9·11"之后不久,在纽约普若泰画廊展出了各种新世贸中心重建方案,其中,"亚伯拉罕(Raymond Abraham)选择被劫持飞机先后撞向双塔和双塔相继颓然倒下共4个时刻的太阳相对正东的水平角(28.5°/32.7°/47.2°/56.5°)当作控制线,东西向切穿基地,形成12座楼组成的群体形象,10米宽的切口标示对2001年9月11日的永久纪念。"①在这个方案中,四个具有特殊意义的时间点借助太阳这一中介转换为相应的空间元素。

在中国古代,越是重要的建筑中,就越容易找到殚精竭虑表达时间观念的实例。天坛就是个极好的例子。

天坛的祈年殿内部正中央有4棵龙井柱,柱身沥粉贴金,装饰纹样有海水江牙西番莲,象征春夏秋冬四季,再往外一层有12棵金柱,象征一年的12个月,最外层12棵檐柱象征12个时辰。这中层和外层共有24棵柱子,代表24节气,再加上内层的4棵,共28棵,象征周天28星宿。如果加上柱顶的8棵童柱,共有36棵,又能代表三十六天罡,同长廊的七十二地煞相对,象征天地四时。有人认为这种设计反映了古人的"重农"思想②,这种观点被很多人接受,但这仅仅是从实用主义的角度理解天坛的构思,远没有涉及到问题的本质,可以说是现代人对古人的误读,因为,不论从天坛建造的目的还是其具体的使用,以及其中众多附加到数字上的象征意义上看,天坛都是具有关乎天人关系的重要建筑,其中对时间的象征不仅关涉到农时,而且指向具有更

图3-5
天坛
图片来源:
www.williamlong.info/
google/upload/2332.jpg

---

① 傅刚、费菁,《都市档案》,北京:中国建筑工业出版社,2005年,第54~55页。
② 姚安、王桂荃,《天坛》,北京:北京美术摄影出版社,2004年,第89页。

重大意义的"天时",归根到底,在政治上,关乎帝王的统治地位。

在中国古代,具有特别意义的时间点被叫做"天时","天时、地利、人和"构成了成功的必备条件。由于古代的自然是充满神灵的,天有天神、地有地神、日有日神、树有树精……"天"和"神"的本质就是人格化的自然,自然就是"天"和"神"的另外一种形态而已。时间与"天"的联系实际上是与自然的联系,对天时的把握就是对自然生命节律的把握。

图3-6 凯旋门是对重大时刻的纪念
图片来源:本书作者摄

《周易》说:"刚柔交错,天文也。文明以止,人文也。观乎天文,以察时变;观乎人文,以化成天下。"这里的"天文"和时间、历法相关,也和人是密切相关的,它不像现代的天文学,是一门与人的切身利益很少有直接瓜葛的自然科学,在古人那里,"察时变"关乎国运兴衰,天象的变化时刻会作用于人,而人的所作所为,特别是君王的行为又会反映在天象上。出于礼制需要而制作的器物,以及出于同样目的建造的礼制建筑都与天象相关。宫室、车、旗、衣裳等在今天看来有些风马牛不相及的东西在中国古代经常相提并论,是因为它们都被当作礼制的工具,比如,《易经·系辞下传》说:"黄帝、尧、舜,垂衣裳而天下治,盖取诸乾坤",古代衣裳的等级分明,《尚书·益稷》疏云:"冕服九章",就是出于礼制要求。在中国,由于没有出现过政教合一的政体,所以,礼制所起的作用就像西方宗教的作用一样重大了,二者都是维持社会秩序的工具。天时与"国之大事"相关①。

在中国,因天时而祭祀成为礼制的重要内容,《春秋左传·文公二年》说:"祀,国之大事也,而逆之,可谓礼乎?"礼的概念在儒家经典中是个核心概念,它与天时有密切的关系。清代章学诚在《文史通义·卷三·内篇三·史释》中说:"《传》曰:'礼,时为大。'"顾炎武的《日知录》也说:"君子而时中。《记》曰:'礼,时为大,顺次之,体次之,宜次之,称次之。'"可见时间的价值在礼制中高于一切。

---

① 《礼记·祭统》有:"凡治人之道,莫急于礼。礼有五经,莫重于祭。"《春秋左传·成公十三年》还说:"国之大事,在祀与戎,祀有执膰(fán),戎有受脤(shèn),神之大节也。"

图 3-7 英国格林威治千年穹顶，飞机的速度激发了人们对时间的体验

图片来源：http://www.raf.mod.uk/reds/images/dome_8.jpg. 2006.03.05

在特定的时令，要举行庄严的仪式，是对天时的顺应，即使在当代中国这样一个缺乏宗教的地方，这些仪式仍然以节日的形式顽强地存在着，在具有特别重大意义的时刻，还会以国家的名义用纪念性建筑的形式为这时刻加上大大的着重号，让它从冗长枯燥的均质时间背景中突现出来，希望让此时此刻永远凝固在一个庄严的建筑空间中。公元2000年来临的时刻，全世界沉浸在庆祝的欢乐中，伦敦的千年塔、北京的中华世纪坛等纪念性建筑似乎要把这神圣的一刻冻结住，它们是神圣时间的空间载体。

在古代中国，随着祭祀制度的发展，时间的神圣性一方面继续存在于礼制文化中，另一方面，出于实用目的，神圣的天时走向世俗，成为能被寻常百姓掌握的行为依据，并且形成了一整套完备的理论和操作技术——数术，而历代颁布的各种历书则成为实际操作中重要的工具。这种世俗时间并非经典物理学中所理解的均质的时间，历书也不同于现代主要用于计时的日历，人们赋予不同的时间以不同的价值——吉和凶。在人们的日常活动中，"择吉"成了非常重要的内容，在营造活动中，择吉尤其重要。特别是在国家出面营建重要城邑时，择吉相地是必须的步骤。

由卜辞可以知道，早在商代，商王在从事筑城、征伐、田狩、巡游等重大事情之前，都要进行卜问，以求得祖先或神的认可。在营造建筑时的占卜可在现存的殷商卜辞中找到[①]，从卜辞中可以看到，占卜的内容包括建造房屋的时间和地点两个方面。这种占卜的技术就是后来风水术的前身，并且，后世风水术最主要的内容也是定土木之功的时间和地点，也就是所谓"天时"、"地利"。

---

① 如："子卜，宾贞：我乍（作）邑？"（《乙》538）"己卯卜，争贞：王乍（作）邑，帝若（诺）？我从，之（兹）唐。"（《乙》570）"己亥卜，丙贞：王屯（有）石才（在）鹿北东，乍（作）邑于之（兹）？"（《乙》3212）见褚良才，《周易·风水·建筑》，上海：学林出版社，2003年，第47页。

《诗经·大雅·公刘》也记载了周人相地作邑的情况①，从这些记载看，公刘的相地方法与后世的风水师是一脉相承的。

更详尽的记载则表明了相地择吉要遵循一定的法则，即时间和空间的配合。

如史书记载："《召告》曰：维二月既望，越六日乙未，王朝步自周，则至于丰。惟太保先周公相宅，越若来三月。惟丙午朏（fěi），越三日戊申，太保朝至于洛，卜宅，厥既得卜，则经营。（《传》曰：其已得吉卜，则经营规度城郭、郊庙、朝市之位处。）越三日庚戌，太保乃以殷攻位于洛汭（ruì）。越五日甲寅，位成。若翼日乙卯，周公朝至于洛，则达观于新邑营。越三日丁巳，用牲于郊，牛二。越翼日戊午，乃社于新邑，牛一，羊乙，豕乙。越七日甲子，周公乃朝用书，命庶殷侯甸男邦伯。厥既命殷庶，庶殷丕作。"②相宅是按照特定的时间和步骤进行的，太保卜宅不仅涉及到择址，而且还要选择一定的时间，虽然《尚书》没有解释选择特定时刻卜宅的依据，但是，从文中至少可以知道，早在周代，择吉就和择址一样，成为建筑营造中同样重要的事情，而且有了一套详尽的操作程序。建筑不只关乎空间，还关乎时间。

图3-8 清末《书经图说》中的《太保相宅图》

图片来源：王其亨主编，《风水理论研究》，天津：天津大学出版社，1992年，第217页

---

① 《诗经·大雅·公刘》："笃公刘，既溥既长。既景乃冈，相其阴阳，观其流泉。其军三单，度其隰原。彻田为粮，度其夕阳。豳居允荒。"
② ［清］顾炎武，《历代宅京记》，北京：中华书局，1984年，第6页。

《管子》解释了卜宅必须遵循天时的理论依据。《管子·地员》认为，选择好建筑的地址和建造时机才能开始建造："高毋近旱而水足用，下毋近水而沟防省，因天时，就地利。"如果不遵循天时地利，就会有不好的结果："上逆天道，下绝地理，故天不予时，地不生财。"① 甚至当天时出现时，如果不及时把握，也会遭到厄运，《史记·淮阴侯列传》也坚持这种观点："盖闻天与弗取，反受其咎；时至不行，反受其殃。""……夫功者难成而易败，时者难得而易失也。时乎时，不再来。"人们的错误行为，还会导致自然界的混乱和失调，正如《庄子》所说："阴阳不和，寒暑不时，以伤庶物。"② 人和自然的关系是双向互动的。当然，有些说法在今天看来是可笑的，比如，"五月盖屋，令人头秃"③，从科学的角度来看纯属无稽之谈，它的权威只能靠信仰和禁忌来维持。

按照风水的理论，不同的时间具有不同的价值，但一个时刻的吉凶不是固定不变的，而是相对的。相对于此事是合适的时辰，相对于彼事则未必合适，如某天适宜出行，却可能不宜动土，所以，人们凡从事某项活动前，往往要查查黄历，才敢行事。

《大戴礼记·天圆篇》对历法的解释是："是故圣人为天地主，为山川主，为鬼神主，为宗庙主。圣人慎守日、月之数，以察星辰之行，以序四时之顺逆，谓之历。"可见，今天的历法和古人所说的"历"有很大的不同，现代人是把历法作为测量、计算时间的方法，是一种科学；而古人的历法却与天地、山川、鬼神、宗庙、社稷密切相关，更是日常生活安排的依据，人们的起居、出行、婚嫁、土木等活动都要选择合适的日子和时辰，也就是要择吉。

图3-9 清代河北武强年画《九九消寒图》。历法和农耕密切相关

图片来源：http://chinaabc.showchina.org/rwzgxl/zgctgy/05/200703/W020070307517928

---

① 《管子·形势解》。
② 《庄子·渔父》。
③ ［东汉］应劭，《风俗通义校释》，吴树平校释，天津：天津人民出版社，1980年，第436页。

择吉的观念同农耕文化有密切的关系,《农器图谱》云:"《授时图》示民耕桑时候之图也。尧命羲和历象授时。农桑之节,四时各有其务,十二月各有其宜。先时而种,则失之太早而不生;后时而艺,则失之太晚而不成。故智者不能冬种而春收。

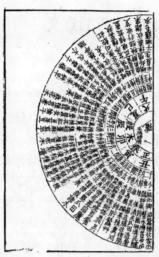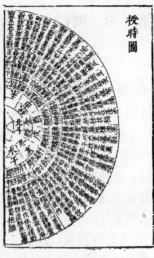

图 3-10
授时图
图片来源:
[明] 王圻、王思义,《三才图会》,上海:上海古籍出版社,1988年,第 886 页

《农书·天时之宜篇》云:'万物因时受气,因气发生,时至气至,生理因之。'"在长期的农耕实践中,古人一再地体会到"天时"是不可违抗的,在其他各种社会生活中,人们也同样反复体验到时机的重要性,因而,顺应天时成为古人坚定的信念,并发展出一套系统的择吉体系。这种体系不是人为的强制规定,也不能简单地看作封建迷信,在它背后有深刻的思想观念作背景,也有发达的天学知识作支撑。

在风水术的实际操作中,风水罗盘是必备的工具,风水罗盘上面刻有天干地支、二十四节气、二十四山等表示时间的内容,相地择址不只是要研究空间和方位,时间因素也是必须考虑的,通过风水术的实践,抽象的时间最终落实为建筑的空间。时间到空间的转换不是机械的物理运动,而是借助一种具有生命的主体——年神或"生气"而发生的,"天地之大德曰生"[①],"生"是生产,也是生命,时刻——不同价值的时间点的"价值"只能理解为一种生命价值,"生气"从时间点到空间方位的转换实际上是"天地之大德"观念的外在表现形式。

这样,风水理论中"藏风聚气"的说法就不难理解了,宇宙的模型——建筑就成了生命孕育其中的母体,是对化生万物的宇宙天地的效法,建筑中的空间和时间同宇宙中的空间和时间不但是统一的,而且同样贯通着强大的生命精神。风水的吉凶判断用"生死"而不是"好坏"来表述,可见时间、空间的生命意义是多么重大,这种对时空的理解说明,中国艺术蕴含了强大的"生命精神",这一点在后文还要论述。

---

① 《周易·系辞下》。

第二节 时段——四时配四方的意义

1. 四时与四方的产生

古人通过对以年为周期的时段划分得到"四时",通过对空间的抽象得到"四方"。"四时"和"四方"的产生有一个漫长的过程。

四时也叫四象,四象取自天象。

《尚书·虞书·尧典第一》记载了羲和依据天象和物候确定四时的经过。帝尧命羲仲、羲叔、和仲、和叔分别住在东方的旸谷、南方的南交、西方的昧谷、北方的幽都,测定春分、秋分、夏至、冬至,即二分二至四气:

"乃命羲和,钦若昊天,历象日月星辰,敬授人时。分命羲仲,宅嵎夷,曰旸谷。寅宾出日,平秩东作。日中,星鸟,以殷仲春。厥民析,鸟兽孳尾。申命羲叔,宅南交。平秩南为,敬致。日永,星火,以正仲夏。厥民因,鸟兽希革。分命和仲,宅西,曰昧谷。寅饯纳日,平秩西成。宵中,星虚,以殷仲秋。厥民夷,鸟兽毛毨。申命和叔,宅朔方,曰幽都。平在朔易。日短,星昴,以正仲冬。厥民隩,鸟兽氄毛。帝曰:'咨!汝羲暨和。期三百有六旬有六日,以闰月定四时,成岁。允厘百工,庶绩咸熙。'"

可见,当时不仅确定了明确的春夏秋冬四时,而且还设置了闰月,说明了当时历法的发达。尤其重要的是,这段话中的"敬授人时"表明了时间对于古人的神圣意义。人们的时间得自天象,从至高无上的天的运行中人们抽象出了四时,所以,颁布历法时要对上天恭恭敬敬,历法也因此具有了神圣的意义。

有一个被普遍认同的观点,即古人对天文学和四时的重视主要是为了农业生产的需要,这一点不应否认,比如,在农耕季节到来时,周天子要率领百官举行"籍田"典礼,但是,这只是问题的一个方面,特别是在巫术还具有重要地位而农业尚处于初级阶段的上古时期,重视四时实际上是出于更神圣的目的,四时是指导国家重大的宗教、祭祀和政务活动的时间表[①]。

《周易》中有"在天成象"的说法,说的就是四象的来历。但天象并非只是天空中的星象,在汉代,它直接是和时间等同的。虞翻注《周易·系辞》的"是故易有大恒,是生两仪,两仪生四象,四象生八卦,八卦生

[①] 江晓原,《天学真原》,沈阳:辽宁教育出版社,1991年,第140~151页。

吉凶，吉凶生六（大）业"时明确认为："四象，四时也；两仪，谓乾坤也。"① 由日光日影和月亮阴晴圆缺的变化产生了"阴阳"观念，从阴阳的变化又产生了四时的变化，这就是"两仪生四象"。这种先有光线的

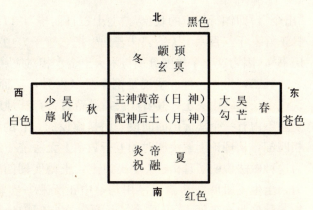

图 3-11 五帝五佐方位图
图片来源：何新，《诸神的起源》，北京：时事出版社，2002年，第929页

阴阳变化，再依照光线确定时间的方式同《圣经·创世纪》中上帝先创造光才分别出晚上和早晨是一样的。尚秉和先生的《周易尚氏学》也同样明确地指出四象和四时的同一："阳少于子，老于巳，阴少于午，老于亥，四象生矣。四象即四时也。"② 由四象所生的八卦实际上也是对于空间和时间的抽象和概括，如果说四象是对四时以及它们对应的四方的概括，那么，八卦就是在此基础上对八方和八个主要节气的符号化③。

有一种观点认为，中国古代最早对一年时段的划分不是四季，而是春秋两季，所以，记载鲁国历史的《春秋》就是用春秋两季代表轮回的时间，至少在殷商时期，人们还没有四季的划分，直到现在，人们仍然用春秋表示岁月的流转。

也有人提出"商代必知四季说"④。但对"四时"的理解有一些争议，如冯时先生认为殷商的四时指分至四气，而非四季⑤，连劭名先生认为商人的四风是指四种气候，即四季⑥。不论"四时"是指分至四气还是四季，至少，一年被分为四个时段在殷商时就已经存在了。

历史上还曾经出现过"五季说"。

其一，《管子·五行第四十一》中记载了黄帝时把一年分为十个月，每月三十六天，每两个月一个季度，每年共五季的历法，每季度天子都要

---

① 张文智，汪启明整理，《周易集解》，成都：巴蜀书社，2004年，第228页。
② 尚秉和，《周易尚氏学》，北京：中华书局，1980年，第301页。
③ 王红旗在《神奇的八卦文化与游戏》中指出："八卦既然是由四象演进出来，那么他们的原始含义，一定与方向和时间有关，也就是说，它们表示东、南、西、北、东南、西南、东北、西北八个方位，以及冬至、夏至、春分、秋分、立冬、立夏、立春、立秋八个节气。"转引自孙新周，《中国原始艺术符号的文化破译》，北京：中央民族大学出版社，1998年，第117页。
④ 详情可参见冷德熙，《超越神话——纬书政治神话研究》，北京：东方出版社，1996年，第356页。
⑤ 冯时，《中国天文考古学》，北京：社会科学文献出版社，2001年，第190页。
⑥ 连劭名，《商代的四方风名与八卦》，《文物》，1988年第11期，第40~44页。

"出令",即颁行相应的政令,"七十二日而毕",以顺应天时,五个七十二日正好一年三百六十天。郭沫若先生把《管子》中提到的历法叫作"五行历书",因为这五个季度分别与木火土金水相对应①。

其二,另外一种五季说是把季夏(六月)后面加上一个"长夏",虽说这个长夏"中央土,其日戊己,其帝黄帝,其神后土"②,但实际上,长夏并不占有一个实际的时间段,而是虚设的,它的设置只是为了要与五行相匹配,从理论上解决四时和五行数字上无法统一的矛盾。《管子·四时》为这种做法说明了理由:"中央曰土,土德实辅四时入出,以风雨节土益力,土生皮肌肤,其德和平用均,中正无私。实辅四时,春嬴育,夏养长,秋聚收,冬闭藏。"这个"长夏"在空间中位居中央,不偏不倚,中正无私,统制着四季,虽为虚设,却地位崇高,所以,《白虎通·五行》中说:"土王四季。"

像时间一样,空间和方位的确定对于人类的生存也是具有极为重大的意义的。

现象学大师、哲学人类学奠基人马克斯·舍勒(Max Scheler,1874~1928)在论证人与动物的本质区别时认为:"动物也没有空间和时间这两个虚形式。人理解事物和事件,最初都是放到这些虚形式中进行的——这种形式只有在一个其冲动的不满足总是大大超过其满足程度的本质中,才是可能的。""所以最早的'虚空'就是我们心灵的虚空。"他认为,空间和时间是"先于一切事物的虚空形式","是先行的,是基础的。"并且,"仿佛即使没有任何物质存在,这个'无限的虚空'也会依然存在似的!"③这种观点实际上是康德学说的再阐释。空间和时间只能是人类理性的产物,它们先验地成为人们感知、思维、想象和行动的框架,人们很难想象一个无限的空间和无限的时间到底是怎么回事,然而,比这更加难以想象的是一种没有时间和空间的状态,离开了时间和空间的框架,人类一刻也没有办法把握这个世界。而且,由于人类具有从具体的事物和事件中抽象出空间和时间的能力,这种能力一方面使人相对于动物具有了超越性,使人成为"比他自己和世界都优越的存在物",另一方面,又让人产生了一种在这"虚空"中确定自己位置的强烈欲望,以填补"心灵的虚空"。可以说,这种空间和时间意识是人类所特有的,其实质是对人与自己生存环境关系的思考,人类不仅时刻感受着,并在自己思想的历史中世世代代思

---

① 陈江风认为,"五行"本义是五季,即木行、火行、土行、金行、水行,而非五种物质。见陈江风,《天文与社会》,开封:河南大学出版社,2002年,第9页。

② 《吕氏春秋·季夏纪第六》。

③ [德]马克斯·舍勒,《人在宇宙中的地位》,李伯杰译,贵阳:贵州人民出版社,1989年,第32~23页。

索着自己抽象出来的这个"虚空",而且,还在用各种方式表达着这种思索,而建筑就是诸多表达方式之一。

图 3-12 巴黎地铁的导向系统。现代人为了定位,甚至还发明了 GPS 卫星定位仪。人类"定位"的意识并没有因为文明的演进而减弱
图片来源:本书作者摄

西方环境心理学提出了"认同"(Identification)和"定位"(Orientation)的概念,就是要研究人类天生地要在时空中随时确定自己归属的心

图 3-13 美洲古代印第安人的宇宙图,十字形表示天地四方,这是比抽象的坐标轴更形象地表示四方的图式
图片来源:陆思贤、李迪,《天文考古通论》,北京:紫禁城出版社,2000年,第 146 页

图 3-14
《书经图说》中的《夏至致日图》，羲叔在夏至日用景表土圭之法辨方正位，测定时令
图片来源：王其亨主编，《风水理论研究》，天津：天津大学出版社，1992年，第216页

理本能，一旦这种本能得不到满足，就会如坠五里雾中，产生孤独、迷茫、紧张、恐惧等不良情绪，甚至有人编了一个笑话说明定位的重要性，这个笑话说，一只狗因为在沙漠中找不到一棵树而被尿憋死了①。

"定位"的意识对于中国人同样重要，特别是在文明的早期，由于对世界本质的不确定，人们在心目中构建了自己的宇宙，并把这个宇宙分成天、地、人三才，从而把人的位置在这个时空框架中确定了下来，这就为"被抛"的人找到了在宇宙中的归宿②，人从而得以摆脱生命中的无意义和虚无。虽然中国没有产生西方那样科学形态的环境心理学，但是，在满足"定位"的心理需求方面，中国的方式似乎更加精致完备。这种时空意识在建筑中非常频繁地表现出来，在建筑营造之初，要实施一系列择址、择吉、辨方正位的活动，并且，这些活动形成了一整套完善的理论和技术系统，具有极强的可操作性，古人把其观念中的时空框架营建得如此精致完美，并且赋予其丰富的人文内涵，进而在建筑实践中构建着这个时空框架的模型，四方观念就是在"定位"的心理需求中产生的。

---

① 张永和组织的"无上下住宅"竞赛中有些"均质空间"的方案暴露出人的"定位"需求，在这些空间中，不但上下，而且所有方位、空间、时间的差别都被取消了，人进入其中，会产生焦虑，迫切需要寻找参照，这时，地面上的一把椅子就显得特别重要。参见张永和，《北大建筑1（无）上下住宅》，北京：中国建筑工业出版社，2001年，第18页。
② 语出海德格尔。

同四时观念一样,四方观念也有一个产生过程。

中国古代的方位概念产生于空间概念之前,并且最早的方位不是四个,而是两个,即东西方①。人们根据太阳的出入最先产生大致的东西方向的认识,随后,伴随着祭祀活动,比如商代的祭"出日"和祭"入日",对东西方向的观测也越来越精确,在东西两个方位点确定下来之后,南北方才进一步确定下来。可见,方位的确定和太阳出入的时间紧密相关,并且,精确的时间测定决定了四方测定的精确性。直到"四方上下"的说法确立以后,立体的空间架构才算真正地完成了。这种正六面体的空间并非现实中的宇宙空间的形状,真实的宇宙空间的方位是无穷多的,之所以采用正六面体来建构空间形状,是因为它能用最简约的形状概括最广大的空间和最多的方位,它是经过人为抽象的结果,而这个抽象过程经过了漫长的岁月。

河南濮阳西水坡发现的仰韶墓葬中,有用蚌壳摆放而成的青龙、白虎图案,分列于死者左右。这是我国公元六千年前就有成熟的方位理念以及风水理论雏形的证据。

明确的方位观念也很早就被应用于建筑,这种应用甚至可以追溯到史前时代。根据考古的发现,在辽东半岛现存史前石棚建筑共五十四座,这些建筑大多面向南方,所以,有人认为这些石棚就是黄帝时代发明的所谓指南车②。还有许多考古发现已经证实,新石器时代出土的房屋遗址,大都呈比较一致的南北走向。这表明当时的日位观测已达到相

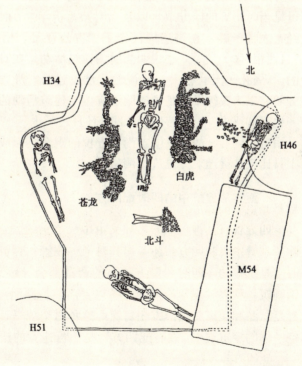

图3-15 仰韶墓葬中的青龙、白虎蚌塑二分图
图片来源:冯时,《中国古代的天文与人文》,北京:中国社会科学出版社,2006年,第112页

---

① 何新据阎若璩《古文尚书疏证》等书认为,"上古人凡地理言南者,皆可与东通。而凡言北者,又均可与西通。"何新,《诸神的起源》,北京:时事出版社,2002年,第279页。
② 见张骏伟,《黄帝陵、帝颛顼陵、天书、河图在辽东半岛》,《理论界》,2005年,第212页。

109

图 3-16
五色土模型
图片来源：
本书作者摄
于北京皇城
艺术馆

当高的水平①。《书经图说》中的《夏至致日图》表明，在古史的传说时代，就有了对方位、时刻的观测活动。6000 多年前的半坡遗址中，发现较完整的遗址 46 座，门都朝南，证明了《书经图说》的记载。

大量的古代文献也记载了古人对四方的认识、测定以及在建筑上应用。

商代卜辞有"东土受年、南土受年、西土受年、北土受年"的记载，可见当时明确的四方观念以及当时祭祀祈年要在四个方位分别进行。《诗经·大雅·緜》在讲述周代先王"古公亶父"相地营国的经过时，说到"自西徂（cú）东"，也说明当时的建筑活动是在对方位明确的把握下进行的。《周礼·天官冢宰》所说的"惟王建国，辨方正位，体国经野，设官分职，以为民极"也是说的测定方位与建筑活动的关系。据郑玄注《周礼·地官》所说，"土圭所以致四时日月之影也"，"土圭之法"在周代也被采用着。到春秋战国发明司南，方位的观念不但成熟具体，而且还能借助工具比较精确地对方位进行测量了。

2. 亚字形建筑中的四时配四方

四方各有其神，四方之神又由中央之神统领，是为"五帝"。"五帝"除了掌管中央和四方，还各司其时②。在这种古代的神祇系统中可以看出，时空是统一的，四时和四方关系的紊乱都会导致天灾人祸，"春兴'兑'治则饥，秋兴'震'治则华，冬兴'离'治则泄，夏兴'坎'治则雹"③，春夏秋冬和震离兑坎四方相对应，这种时空统一、时空对应的观念出自时空一体的宇宙观，"四时配四方"是不可违背的法则，在建筑中也一定要

---

① 王昆吾，《中国早期艺术与宗教》，上海：东方出版中心，1998 年，第 4 页。
② 《汉书·眭两夏侯京翼李传第四》说："东方之神太昊，乘'震'执规司春；南方之神炎帝，乘'离'执衡司夏；西方之神少昊，乘'兑'，执矩司秋；北方之神颛顼，乘'坎'执权司冬；中央之神黄帝，乘'坤'、'艮'执绳司下土。兹五帝所司，各有时也"。
③ 同上书。

遵守这法则。

前文已经论证过，十字形，或称亚字形，是古代的宇宙符号，建筑作为宇宙的模型，其理想化的形式也是亚字形，在考古发掘中，可以发现许多这样的建筑实例，并且，十字形平面的方位和东、西、南、北四方

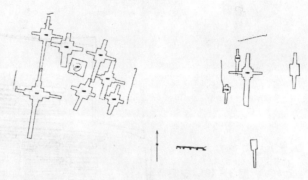

图3-17 河南小屯西北冈大型王陵分布图
图片来源：[美]张光直，《商代文明》，北京：北京工艺美术出版社，1999年，第93页

是大致对应的，这是通过建筑和宇宙取得和谐的一种必然选择。

从殷墟遗址情况来看，当时的宫殿和墓室都按照明确的方位设计，甚至卜骨的排放也是按照一定的方向。河南小屯西北冈大型王陵中所有的大墓都是南北朝向，其中，带两个墓道的大墓都是长方形，带四个墓道的则有长方形和十字形两种平面形式，在西北冈东部发掘的许多小墓也有许多十字形平面。其中，四个墓道的大墓内的木椁也是带十字形的，据研究，这种木椁形式是模仿商代祖庙的形状①。

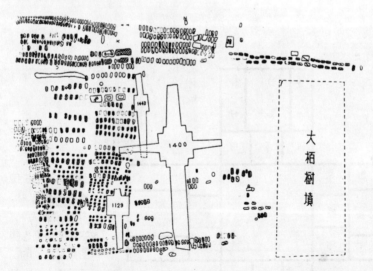

图3-18 河南小屯西北冈东部小墓
图片来源：[美]张光直，《商代文明》，北京：北京工艺美术出版社，1999年，第98页

---

① 高去寻，《殷代大墓的墓室及其涵义之推测》，见[美]张光直，《商代文明》，北京：北京工艺美术出版社，1999年，第94页

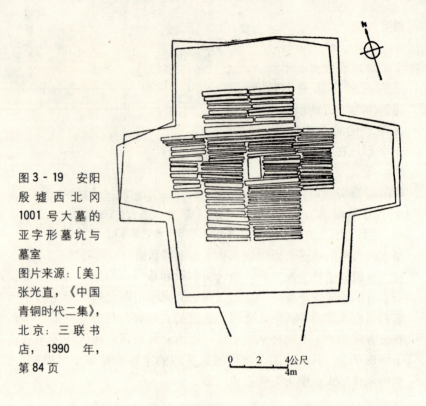

图 3-19 安阳殷墟西北冈 1001 号大墓的亚字形墓坑与墓室

图片来源：[美] 张光直，《中国青铜时代二集》，北京：三联书店，1990 年，第 84 页

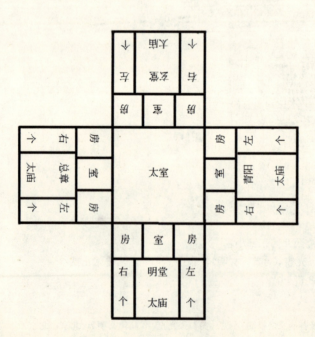

图 3-20 王国维《观堂集林》中的"四向制"宗庙平面推想图

图片来源：[清] 王国维，《观堂集林》卷三，石家庄：河北教育出版社，2001 年，第 84 页

陈梦家先生推断，商代的宗庙和寝室全都是四合院格局，其东、西、南、北四方都有房屋①。作为祭祀祖先和上帝场所的宗庙在夏代叫"世室"，商代叫"重屋"，周代叫"明堂"，王国维先生在《明堂寝庙通考》中认为，古代宗庙的平面形式是十字形，四个宗室面朝中央的太室或称大室，这和小屯墓室的情形相吻合，所以，可以认为，这些墓室相当于地下的宗庙②。

但是，奇怪的是，殷代考古却没有发现地面建筑呈亚字或十字形，这种推断也许还要以后的考古

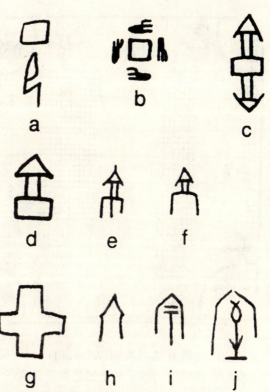

图 3-21
商代文字反映的同时代建筑
图片来源：
[美]张光直，《商代文明》，北京：北京工艺美术出版社，1999年，第111页

材料证实。不过，在此之后的先秦到秦汉帝王墓葬常采用亚字形，如春秋战国时代秦国人的宗庙遗址中就找到了这种平面的建筑。该建筑四角各有一"坫"（diàn）（即高于其他地面的堆土）。从墙体格局也能看出是按照九宫格分布的，这完全符合《仪礼·释宫》所说的"堂角有坫"。在以后朝代屡次修建明堂的记载中，采用亚字形平面也成惯例。商代与建筑有关的文字中也出现十字形状，可作旁证。

长沙出土的楚缯书上的文字说，亚字形凹入的四隅种植有青、朱、黄、黑四木。陈梦家先生认为四木代表四季，张光直先生则从中看出亚字形的明堂。四木不但象征时间、方位，而且来源于天地间的天柱，在建筑中就是支撑屋顶的柱子。在亚字形格局中，亚字形的每臂端部各有二角，共形成八个角，如果每个角有一棵柱子的话，就正好形成屈原《天问》中"八柱何当"的"八柱"。

---

① 陈梦家，《殷墟卜辞综述》，第481页。见[美]张光直，《商代文明》，北京：北京工艺美术出版社，1999年，第110页
② [清]王国维，《观堂集林》卷三，石家庄：河北教育出版社，2001年。

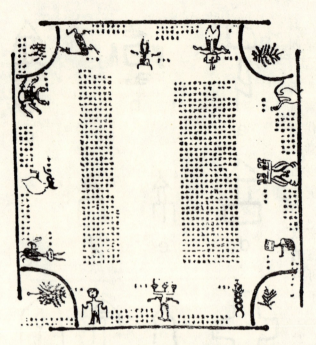

图 3-22 楚缯书，四隅为青、朱、黄、黑四木，亚字形线条为张光直先生所加

图片来源：[美]张光直，《中国青铜时代二集》，北京：三联书店，1990年，第93页

从古代"四时易火"的制度可以知道，青、朱、黄、黑四木分别由不同的树种来充当，它们代表不同的季节。

《尸子》说："燧人上观辰星，下察五木以为火。"《左传·襄公九年》载："陶唐氏之火正阏伯，居商丘。祀大火，而火记时焉。相土因之，故商主大火。"《汉书·五行志》也有记载："帝喾则有祝融，尧时有阏伯，民赖其德，死则以为火祖，配祭火星。"帝喾时的祝融、帝尧时的阏伯以及阏伯的孙子相土都是掌管天文的火正，他们根据大火星（心宿二，或称荧惑）的运行制定历法，即"火历"，同时，他们还掌管四时用火①，所以，《汉书·五行志》说："古之火正，谓火官也，掌祭火星，行火政。季春昏，心星出东方，而噣（hóng）星、鸟首正在南方，则用火；季秋，星入，则止火，以顺天时，救民疾。"这叫"四时易火"或"改火"。除了"四时易火"，古代还有改水的做法，《管子·禁藏》说："四时易火。至春则取榆柳之火。春时之井，又当复杼之以易其水。凡此皆去时滋长之毒。"②

"四时易火"除了"用火"和"止火"的周期性变化，还要根据不同季节改变取火的木材品种。《史记·仲尼弟子列传》中讲到"改火"，《集解》马融解释说："《周书》、《月令》有更火之文。春取榆柳之火，夏取枣杏之火，季夏取桑柘之火，秋取柞楢之火，冬取槐檀之火。一年之中，钻火各异木，故曰'改火'。"王昆吾先生根据各种文献归纳了"四时易火"的主要记载，见表3-1。

---

① 火历研究可参见王昆吾，《火历论衡》，《中国早期艺术与宗教》，上海：东方出版中心，1998年，第1~40页。另有庞朴先生的系列研究。
② 更多"四时易火"的研究可见汪宁生，《改火的由来》，《中国古代史论丛》第八辑，福州：福建人民出版社，1983年。罗琨，《说"改火"》，《简帛研究》第二辑，北京：法律出版社，1996年，等等。

古代文献中"四时易火"的主要记载　　　　表 3-1

资料来源	节令				
	青木	赤木	黄木	白木	墨木
长沙子弹库帛书					
逸周书·月令	春取榆柳木	夏取枣杏木	季夏桑柘木	秋取柞楢木	冬取槐檀木
管子·玄宫图	春以羽兽火	夏以毛兽火	中央裸兽火	秋以疥虫火	冬以鳞兽火
淮南子·天文训	甲子受制，木用事，火烟青。七十二日。春爨其燧火。	丙子受制，火用事，火烟赤。七十二日。夏爨柘燧火。	丙子受制，火用事，火烟赤。七十二日。	庚子受制，金用事，火烟白。七十二日。秋爨柞燧火。	壬子受制，水用事，火烟黑。七十二日。冬爨松燧火。

表 3-1 来源：王昆吾，《火历论衡》，《中国早期艺术与宗教》，上海：东方出版中心，1998 年，第 14 页

从建筑四隅采用的青、朱、黄、黑四木可见，在营造宇宙模型——建筑的时候，时间因素也是必须考虑的，只有这样的宇宙才是完整的宇宙。古人很巧妙地用不同的木材既代表时间，又营建空间，实现了从时间到空间的转换，这种转换的理论依据就是"四时配四方"的观念。

四时和四方又同"五行"和"八卦"相配合，水为坎，火为离，木为震巽，金为乾兑，土为艮坤，八卦中的四正卦坎、震、离、兑不但和北、东、南、西相配，还和四时对应，构成了互相支持的复杂时空体系。五行学说长期以来被认为是迷信和附会，其实，恰恰相反，在它产生的特定历史时期，五行学说把世界建立在物质基础上，是不能简单地用唯心主义加以否定的。

"五行"观念早在商代就已经产生[①]，明确的"五行"概念最早见于《尚书·洪范》："五行：一曰水，二曰火，三曰木，四曰金，五曰土。水曰润下，火曰炎上，木曰曲直，金曰从革，土爰稼穑。润下作咸，炎上作苦，曲直作酸，从革作辛，稼穑作甘。"战国的邹衍（约公元前 305 年～公元 240 年，战国齐人）又提出了阴阳五行生胜说。《管子·五行》记载，黄帝"五声既调，然后作立五行，以正天时。"《管子》认为，黄帝创立了五行学说，并且，其目的直接关乎时间——"以正天时"，即厘定天文和历法体系。

五行说认为，世界万物是由木、火、土、金、水五种元素构成[②]，它

---

① 连邵名，《卜辞所见商代思想中的四风与天命》，《华夏考古》，2004 年第 2 期，第 97 页。
② 关于五行排列的顺序有多种说法，其中最主要的有四种：
　　(i) 生序（太初创始之序）……………………水、火、木、金、土
　　(ii) 相生序………………………………………木、火、土、金、水
　　(iii) 相胜序………………………………………木、金、火、水、土
　　(iv) "近世"序…………………………………金、木、水、火、土
　此说及详细解释见［英］李约瑟，《中国古代科学思想史》，陈立夫等译，南昌：江西人民出版社，1999 年，第 319～329 页。

们是万事万物本质属性的概括,每个事物都可以归属于五行中的一种,四时和五行的这种配合说明,古人把时间也赋予了不同的属性,时间不是均质的计量时间,每个时段的物质属性是不同的。

图3-23 四灵
图片来源:http://www.hometexnet.com/committee/Article.aspx?ThisID=55&ClassID=6299

五行和四时的对应是经过一个发展过程的。由于五行和四时从数目上不相匹配,这种对应曾经让古人费过一番心思。类似地,为了与五行相对应,原有的"四灵"被加上了"灵虎"以凑成"五灵"①,五灵配五方,龙属木,凤属火,麟为土,白虎属金,神龟属水。其五行之次为:木生火,火生土,土生金,金生水,水生木。其中麟显中央、龟现北方、龙腾东方、虎处西方、凤居南方。

邢文先生认为,五行说曾经有两个体系,即:

"水、火、木、金、土——《洪范》五行说·帛书思、孟五行说·帛书《周易》所见传统五行说;

天、地、民、神、时——《甘誓》五行说·《荀子》思、孟五行说·帛书《周易》五行说。"②

在《甘誓》五行说体系中,"时"具有核心价值,按照《周易·丰卦》的说法,"日中则昃,月盈则食,天地盈虚,与时消息,而况于人乎,况于鬼神乎?"连天地日月都要"与时消息",时消时长,人、鬼就更不用说了,所以,"天、地、民、神、时"五行中,"时"的意义最重大,具有统领万事万物的地位,所以,《周易·随卦》说:"大亨贞无咎,而天下随时,随时之义大矣哉!"

《礼记·月令》注云:"仲春之月,盛德在木,故所主皆木属也;仲夏之月,盛德在火,故所主皆火属也;仲秋之月,盛德在金,故所主皆金属也;仲冬之月,盛德在水,故所主皆水属也;惟土居中央而分旺四时,故所主皆属也。"这就是五行和四时的对应关系。汉儒董仲舒对五行和时间、

---

① "四灵"据《礼记·礼运》:"四灵以为畜,故饮食有由也。何谓四灵?麟凤龟龙,谓之四灵。""五灵"据《春秋序》载:"麟凤与龟龙白虎五者,神灵之鸟兽,王者之嘉瑞也。"
② 邢文,《帛书周易研究》,北京:人民文学出版社,1997年,第223页。

空间的关系也有系统的解释："木居左，金居右，火居前，水居后，土居中央；是故，木居东方而主春气，火居南方而主夏气，金居西方而主秋气，水居北方而主冬气。"

可见，"水、火、木、金、土"这一五行系统也同样是关乎时间的，只是"时"并未作为五行之一出现，而是存在于同"水、火、木、金、土"的关系之中。

五行与时空的对应关系被表述为它与十天干的关系，即"天一生壬水，地六生癸水，天三生甲木，地八生乙木，天七生丙火，地二生丁火，天九生庚金，地四生辛金，天五生戊土，地十生己土。""东方甲乙木、南方丙丁火、西方庚辛金、北方壬癸水、中央戊己土。"

五行作为万物的本原，被泛化到万事万物，从与时间、空间的关联，到与五音、五色、无味等的对应。

以音乐为例，《汉书·律历志》说："商之为言章也，物成孰可章度也。角，触也，物触地而出，戴芒角也。宫，中也，居中央，畅四方，唱始施生，为四声纲也。徵，祉也，物盛大而繁祉也。羽，宇也，物聚臧，宇覆之也。"五声"宫、商、角、徵、羽"与中心和四方相配，也与五行相应，即宫和土、商和金、角和木、徵和火、羽和水相配伍；又可与"五方"观念相关连，即宫为中、商为西、角为东、徵为南、羽为北；还可与四时节气互相照应，即角为春气木声，徵为夏气火声，商为秋气金声，羽为冬气水声以及宫为圐（kū）气土声①。

在五音中，"宫"为"四声纲"，"宫"就是"中"，也是"含"，《白虎通义·礼乐》中云："宫者，容也，含也，含容四时也。"位居中央的空间中包含着"四时"，东、南、西、北四方中的每一方则只能分别包含春、夏、秋、冬四时中的一时。这就是四时配四方，并且四时四方又为"中宫"所统领的层级关系。

古代君王的居所叫做宫，取的也是这种尊贵之义。

秦以前，宫、室是一回事。《尔雅·释宫》中说："宫谓之室，室谓之宫。"《风俗通义》中也说："《论语》：'夫子宫墙数仞。'《礼记》：'季武子入宫不敢哭。'由是言之，宫室一也。秦以来，尊者以为常号，乃避之耳。室也实。弟子职曰：'室中握手。'《论语》曰：'譬如墙。'由是言之，宫

---

① 即清代江永在《河洛精蕴》中所说："河图为数之源，音律实仿于此。《月令》已发其端，春木其音角，其数八；夏火其音徵，其数七。中央土，其音宫，其数五；秋金其音商，其数九；冬水其音羽，其数六，于中央举生数，则十亦为宫；于四方举成数，则四亦为商，三亦为角，二亦为徵，一亦为羽。纵列十数，自下而上，五行生出之序。自上而下，五音大小之序。五成数犹五音浊，律之全。五生数犹五音之清，律之半也。五音之体，已有宫音居中之理，但非以其最浊为宫，而以五为数之中者为宫也。"

其外，室其内也。"① 后来，"宫"为帝王专用，宫、室才有了分别。不但宫室的择址要位居天下的中心以统率四方，而且这个中央空间还负有颁布四时政令的使命，也就是要起到"含容四时"的作用，古代的"四时颁朔"制度就是依据这个观念。

按照《礼记·月令》的说法："（季冬之月）天子乃与公卿大夫共饬国典，论时令，以待来岁之宜。"孙希旦集解引吴澄曰："时令，随时之政令。""时令"即月令，是古时按季节制定的关于农事等政令。这说明时间与国计民生的关系是极为密切的。

董仲舒《春秋繁露·卷第十三·四时之副》说："天之道，春暖以生，夏暑以养，秋凉以杀，冬寒以藏。暖、暑、凉、寒，异气而同功，皆天之所以成岁也。圣人副天之所行以为政，故以庆副暖而当春，以赏副暑而当夏，以罚副凉而当秋，以刑副寒而当冬。庆赏罚刑，异事而同功，皆王者之所以成德也。庆赏罚刑与春夏秋冬以类相应也，如合符。故曰：王者配天，谓其道。天有四时，王有四政，四政若四时，通类也，天人所同有也。庆为春，赏为夏，罚为秋，刑为冬，庆赏罚刑之不可不具也，如春夏秋冬不可不备也。"古人从四时中发现了可以与王者的"庆赏罚刑"四政相类比的特征，天子的行政因此就应该顺应天时的运转，这种顺应天时的做法体现在国家的行政制度上就是四时"颁朔"或"告朔"，即按照四时变化管理社会事务，大致程序是每年的冬季向诸侯颁布次年各月的行政计划。

图 3-24
北京国子监的辟雍，"周旋以水"
图片来源：本书作者摄

"颁朔"的场所必须是特定的建筑，按照郑玄等人的说法非明堂等礼制建筑莫属。而根据前人对明堂的研究，其形制必须符合四时配四方的制度，形成中国特有的礼制建筑形式。所谓"朝日夕月"②、"四时迎气"和"四时布政"等重大政治活动都要

---

① ［东汉］应劭，《风俗通义校释》，吴树平校释，天津：天津人民出版社，1980年，第396页。
② "朝日夕月"是帝王对日月的祭礼，始于周代。郑玄注《周礼·春官·典瑞》说："王朝日者，示有所尊，训民事君也。天子常春分朝日，秋分夕月。"春分朝日，秋分夕月以及冬至祭天、夏至祭地是古代最重要的祭祀活动。

在特定的礼制建筑，如明堂、辟雍、合宫、世室、太室等重要场所举行①。

明堂的形制历史上有过多次变迁，至少在汉代就已经失传。《史记·封禅书第六》对汉武帝封禅的记载就说明当时已经无从考察明堂的形制了："初，天子封泰山，泰山东北阯（zhǐ）古时有明堂处，处险不敞。上欲治明堂奉高旁，未晓其制度。济南人

图3-25 北京故宫的千秋亭，在御花园西边，同东边的万春亭形制相同，上圆下方，四面出抱厦，平面为亚字形，和明堂极类
图片来源：本书作者摄

公玉带上黄帝时明堂图。明堂图中有一殿，四面无壁，以茅盖，通水，圜宫垣为复道，上有楼，从西南入，命曰昆仑，天子从之入，以拜祠上帝焉。于是上令奉高作明堂汶上，如带图。及五年修封，则祠太一、五帝于明堂上坐，令高皇帝祠坐对之。祠后土于下房，以二十太牢。天子从昆仑道入，始拜明堂如郊礼。"② 这说明，后来的设计都是按照猜测进行的，公玉带所上明堂图何依据还是很难说的。大致说来，后人的猜测都是根据对周代明堂的记载而作出的。不但明堂的形制早已失传，而且，人们甚至已经不再能肯定明堂与辟雍等其他礼制建筑的关系。

对于辟雍是古代贵族子弟教育、集会、行礼乐的场所的说法为多数学者认同。由于辟雍是等级极高的建筑，它的形制就应该象天法地，采用古人观念中宇宙的结构，也就是天圆地方。《礼记·明堂阴阳录》中说："阴阳者，王者之所以应天也。明堂之制，周旋以水。水行左还，以象天内……上帝四时，各治其室。"这里说得很清楚，明堂以水环绕，其根据就是要"象天"。并且，每个时节的神祇在自己的方位"各治其室"。"圆如璧"的水就是天的象征。

---

① 历史上研究明堂制度的著作很多，张一兵的《明堂制度研究》是近来比较系统的关于明堂制度的著作，该书详细考证了明堂、辟雍、合宫、世室、太室等建筑的关系。张一兵，《明堂制度研究》，北京：中华书局，2005年。
② 北魏郦道元的《水经注·卷二十四·睢水》也记载了同样的事情："武帝以古处险狭而不显也，欲治明堂于奉高旁，而未晓其制。济南人公玉带上黄帝时《明堂图》。"

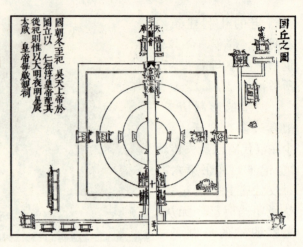

图 3-26 圜丘之图
图片来源：[明]王圻、王思义，《三才图会》，上海：上海古籍出版社，1988 年，第 1028 页

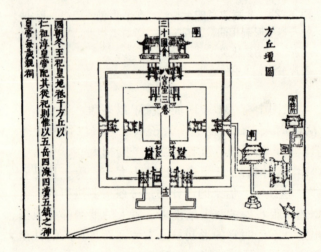

图 3-27 方丘坛图
图片来源：[明]王圻、王思义，《三才图会》，上海：上海古籍出版社，1988 年，第 1029 页

《汉书·天文志》描写黄帝时明堂图是四面没有墙壁的，它上面覆盖着茅草，四周环绕着水渠[①]。其"水环宫垣"的平面格局和辟雍是一样的，只是辟雍很可能是封闭的，明堂却是开敞的。明堂的形象是很简朴的，天子在其中的居住一定会很不舒适，这种明堂制度在古代被认为是天子显示自己节俭的一种方式[②]。在氏族部落的时代，天子作出某种牺牲以获得上

[①] 《汉书·天文志》："明堂中有一殿四面无壁，以茅盖，通水，水环宫垣，为复道，上有楼。"明堂"四面无壁"，还可见《史记·孝武本纪》："明堂图中有一殿，四面无壁，以茅盖，通水圜宫垣，为复道。"
[②] 《晏子春秋·景公欲以圣王之居服而致诸侯晏子谏第十四》："是故明堂之制，下之润湿，不能及也；上之寒暑，不能入也。土事不文，木事不镂，示民知节也。"但叶舒宪认为，"四面无壁"只是为了观测太阳运行轨迹的方便。见叶舒宪，《中国神话哲学》，北京：中国社会科学出版社，1992 年，第 157 页。

天佑护，造福百姓的事是很常见的，有时候，天子或者其家属还要付出生命的代价。

比如，商汤很有功德，就是一位舍身救民的英雄。"天旱，汤以身投火，祀而求雨。雨怜恤之，降而灭火，汤免于焚。"①《太平御览》也记载商汤求雨的时候竟然

图 3 - 28
北京"琼岛春阴"模型，主体建筑为亚字形平面，等级很高
图片来源：本书作者摄

"斋戒剪发断爪，以己为牲，祷于桑林之社。"② 古代天子祭祀时遭受霜露风雨不但不被认为是不幸，而且往往还是理所当然的，《礼记·郊特牲》就说过："天子大社，必受霜露风雨，以达天地之气也。"

可见，在具有神圣意义的祭祀活动中，身为最高首领的人是要付出牺牲的，至于活动场所的舒适与否是被置之度外的，所以，明堂虽然是所谓具有"纪念碑性"的建筑③，但它不像当代大多数纪念性建筑那样通过避免简陋来显示其重要性，而是借助具有神圣意义的形制来获得建筑的庄严感，并取得通天的功能。

明堂最早的记载出现于《左传·文公二年》中的"《周志》有之，'勇则害上，不登于明堂。'"《周志》即《周书》。根据《周书·明堂解》，"明堂方百一十二尺，高四尺，阶广六尺三寸。室居中，方百尺。室中方六十尺，户高八尺，广四尺。东应门，南库门，西皋门，北雉门。东方曰青

---

① [美]张光直，《美术、神话与祭祀》，郭净译，沈阳：辽宁教育出版社，2002年，第26页。
② 《太平御览》卷83引晋皇甫谧《帝王世纪》。弗洛伊德（S. Frued，1856~1939）在《图腾与禁忌》（Totem and Taboo）中同样讲到了部落首领被加上禁忌，失去自由，遭受鞭打折磨，被禁忌束缚到几乎窒息，甚至在祭祀仪式上被杀掉的事情。见弗洛伊德，《图腾与禁忌》，杨庸一译，北京：中国民间文艺出版社，1986年，第62~69页。
③ 巫鸿先生提出了"纪念碑性"（monumentality）的概念，以与"纪念碑"（monument）相区别。见[美]巫鸿，《九鼎传说与中国古代美术中的"纪念碑性"》，《礼仪中的美术：巫鸿中国古代美术史文编》，郑岩等译，北京：三联书店，2005年，第45页。本书仍取用的"纪念性"一词。大多纪念性建筑为了纪念特定的人物、事件，炫耀某种权力、地位，常常要营造一种庄严的气氛。纪念性建筑也包括那些本没有上述意图，却因为其历史价值、艺术价值等因素而被认为具有纪念性的建筑，它们的纪念性存在于从此时此地到过去某个有意义的时刻这段时间跨度内，并指向未来。建筑的纪念性让人对时间跨度及时间的意义引起注意，时间加上特定的人或事，赋予了某些建筑历史价值，使其具有了纪念性，可以说，是时间与意义造就了建筑的纪念性。

阳,南方曰明堂,西方曰总章,北方曰玄堂,中央曰太庙。左为左个,右为右个。"① 其中的青阳、明堂、总章、玄堂等名字和五帝的方位相配。"青阳、明堂、总章、玄堂"和中央的"太庙"正好构成一个亚字形——一个宇宙的模型。

武则天建的明堂与《周书·明堂解》的记载有些出入:"凡高二百九十四尺,东西南北各三百尺。有三层:下层象四时,各随方色;中层法十二辰,圆盖,盖上盘九龙捧之;上层法二十四气,亦圆盖。"②

虽然历代明堂形制不尽相同,但是,它们依据的观念则是大同小异的。作为一种非常重要的礼制建筑,明堂要严格符合理想的宇宙模式,并且,要体现宇宙的两大要素——时间和空间的统一。

具体到明堂的使用,也有一定之规。

《礼记·月令第六》载:"孟春之月……天子居青阳左个。……仲春之月,天子居青阳大庙。……季春之月,……天子居青阳右个。……孟夏之月,……天子居明堂左个。……"

另据《明堂月令》记载,天子春居青阳,夏居明堂,秋居总章,冬居玄堂③。

尽管上述说法不尽相同,但是,可以肯定的是,天子要依四时五行循环使用不同方位的房间,这就是所谓"轮居制"。

张良皋先生曾对"轮居制"提出疑问④,同时,他认为,"左个"、"右个"的"个"字来源于游牧时代的帐篷,轮居制是游牧时代遗留下来的习惯,进而演化为礼仪。张先生这种猜测我们可以在蒙古族至今还保留的"捺钵"习俗中得到证明。捺钵最初产生于契丹语,另有"剌钵"、"纳跋"、"纳钵"、"纳宝"等译法,其本义为行宫、行营、行帐,是游牧民族随四时迁徙的生

图3-29
法国吉普赛人的房车保留了游牧时代的居住方式
图片来源:本书作者摄

---

① 见〔清〕顾炎武,《历代宅京记》,北京:中华书局,1984年,第37页。
② 《旧唐史·志第二》。
③ 叶舒宪,《中国神话哲学》,北京:中国社会科学出版社,1992年,第163页。
④ "天子何以不惮麻烦,按季按月,搬来搬去。"张良皋,《匠学七说》,北京:中国建筑工业出版社,2002年,第46页。

活方式。后随着契丹族的发展壮大,捺钵的含义不断扩大,最终制度化,包括了根据不同季节进行的狩猎活动、辽君主围猎时的行营及狩猎季节里举行的与狩猎无关的一切活动。金代的捺钵制度是辽代四时捺钵的遗制,由"春水"和"秋山"两种制度逐渐演变为春捺钵、夏捺钵、秋捺钵、冬捺钵,即"春水秋山,冬夏捺钵"的"四时捺钵","四时捺钵"是辽金元社会政治生活中的大事①。

可以想见,在中原文明还处于游牧时期时,也曾存在这种随四时迁徙的生活,这种"与四时合其序"的逐水草而生的游牧文明生活方式后来被提高到"与天地合其德"的高度,轮居制使"天人合一"观念在天子的礼仪活动中通过在不同的时间使用不同方位的空间得到具体体现。

应劭的《风俗通义》说:"谨按《易》、《尚书大传》:'天立五帝以为相,四时施生,法度明察,春夏庆赏,秋冬刑罚,帝者任德设刑以则象之。言其能行天道,举错审谛。黄帝始制冠冕,垂衣裳,上栋下宇,以避风雨,礼文法度,兴事创业。'"② 可见,古代天子的"四时布政"是效仿"五帝"的做法,其最终目的是通过这种形式达到"行天道",即对自然法则的顺从和效法。

古人相信,方位和天时,时间和空间应该协调统一,否则,就会出现天灾人祸③。郑玄注《尚书·甘誓》"有扈氏威侮五行":"五行,四时盛德所行之政也。威侮,暴逆之。"④ 有扈氏由于不遵守"五行"之政,被夏启所灭,其他部落见到这个结果,就不再敢于反抗了。这里的所谓"四时盛德"就是《礼记·月令》中的"立春,盛德在木","立夏,盛德在火","立秋,盛德在金","立冬,盛德在水"。按照四时之德布政的制度,是古代君王必须严格遵守的,任何像有扈氏那样违背这个制度的行为都被认为是大逆不道,罪不容赦的。

这种对四时法则和对天道的效法不但适用于政治,而且,对于个人的养生之道也同样适用⑤。这种观念在中医实践中得以贯彻,如"子午流注"之法等,并且用疗效证明了自己的正确性。

总之,根据四时配四方的观念,古人把看不见的四时转换成亚字形的空间形式,并且,通过遵循严格的时间表,在不同的时段使用相应方位的

---

① "捺钵"一事曾就教于好友乌力吉先生。
② [东汉]应劭,《风俗通义校释》,吴树平校释,天津:天津人民出版社,1980年,第15页。
③ 《周语》说:"方不应时,不应时则乱。"
④ [南朝·宋]裴骃《史记集解》。
⑤ 《黄帝内经·素问·卷一·死气调神大论篇第二》中说:"阴阳四时者,万物之终始也,死生之本也;逆之则灾害生,从之则苛疾不起,是谓得道。"

空间，完成时空转换的过程，以求达到"与天地合其德"的境界①。

3. 时中与位中

古代的时间和空间不是均质的，不同的时间点和空间点具有不同的价值。

四时和四方相配合的体系中，有一种"尚中"的价值观。在诸多空间方位中，古人讲究"位中"，相应地，在时间的流转中，也有"时中"的观念。"中"的地位是至尊的。

按照五行学说，中央属土，中心统制四方；如《淮南子·天文训》所说："何谓五星？东方，木也，其帝太皞（hào），其佐句芒，执规而治春；其神为岁星，其兽苍龙，其音角，其日甲乙。南方，火也，其帝炎帝，其佐朱明，执衡而治夏；其神为荧惑，其兽

图3-30 和"黄帝四面"很相似，柬埔寨的吴哥城每个石塔上都刻有兴都教的"梵天"神（Vishnu），也即维持宇宙秩序及和谐的保护神，他长有四个巨大的脸，和黄帝如出一辙

图片来源：http://www.china.org.cn/chinese/zwyichan/photo/J0401/images/1-4.jpg. 2006.03.4.

朱鸟，其音徵，其日丙丁。中央，土也，其帝黄帝，其佐后土，执绳而制四方；其神为镇星，其兽黄龙，其音宫，其日戊己。西方，金也，其帝少昊，其佐蓐收，执矩而治秋；其神为太白，兽白虎，其音商，其日庚辛。北方，水也，其帝颛顼，其佐玄冥，执权而治冬；其神为辰。"在这个五帝五佐谱系中，位居中央的黄帝地位是最高的。史伯认为："故先王以土与金木水火杂，以成百物。"②从表述上看，土被置于首位，地位最重，并且，百物的生成都离不开土。

《尸子》中有"黄帝四面"的故事，"四面"不是说黄帝有四张脸，而

---

① 在不同的时段使用相应方位的空间，这种做法在其他文化中也存在，如柬埔寨的吴哥窟、暹罗、曼谷以及缅甸的曼德勒城等。见［罗马尼亚］米尔希·埃利亚德，《神秘主义、巫术与文化风尚》，宋立道、鲁奇译，北京：光明日报出版社，1990年，第29～30页。
② 《国语·郑语》。

是说他是统制四方之神①。

其余四方对人来说也具有不等的价值。从《山海经》中的插图可以看出四方使者的形象与其所代表方位的五行属性，比如，西方的蓐收持钺，掌管刑杀，五行属金，显然，这个角色是不太受人欢迎的。

图 3 - 31 四面的梵天
图片来源：www.tonkatsuichiban.com/map/Toji1/Touji-11.html.
2006.3.4

"尚中"的观念在古代建筑中体现得很清楚。不但明堂的"轮居制"效仿五行与四时的流转关系围绕中心进行周转，而且，在夏商周三代的频繁迁都过程中也是遵循这种中央统制四方的规则。

根据张光直先生的观点，三代尽管有若干迁徙游走的"俗都"，但它们都有一个永恒的、不变的"圣都"作为"俗都"迁徙的中心，三代时，青铜礼器是政治权力的象征，尽管出于对政治资本——铜矿和锡矿的追求而不得不迁都，但是，中心的"圣都"因其神圣却从不变更，并且，当时的"四方"是

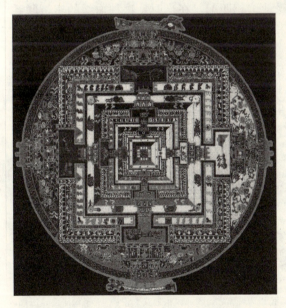

图 3 - 32 藏传佛教的曼荼罗也是一种宇宙模型
图片来源：吉布，杨典，《唐卡中的曼荼罗（插图珍藏本）》，西安：陕西师范大学出版社，2006年，封面

---

① 《尸子》："子贡问孔子曰：'古者黄帝四面，信乎？'孔子曰：'黄帝取合己者四人，使治四方，不谋而亲，不约而成，大有成功，此之谓四面也。'"

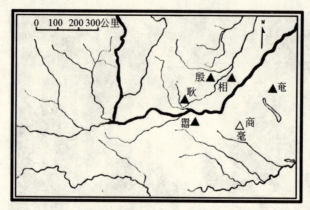

图 3-33 商代都城的位置
图片来源：[美]张光直，《中国青铜时代二集》，北京：三联书店，1990 年，第 16 页

围绕"圣都"确定的①，尽管没有证据表明迁都遵循四时顺序，但是，从三代迁都的空间位置关系看，"择中"的理念确实是存在的。

古代中国的政治权力具有以血缘为纽带的层序化结构，它是父系宗族分裂的结果，在一定的时候，族中的某个男子就获得离开王都建立新的城邑的权利②，他建立的新领地是新的权力中心，其地位同该男子在宗族中的血缘地位相匹配。在当时，这种血缘的纽带联系着数千座城市，伴随着兼并和攻伐，国的数目减少了③，但是各国的城邑却随着宗族分裂增加了。

尽管曾经存在过成千上万的国，这些国和其中城邑的分布和规模并非杂然无序，它们构成的行政网络是层级分明的。城邑是建来维护宗族权力的，这个行政网络的格局和其中据点的空间形态是按照一种"宗族分支制

---

① 如董作宾先生所说，"殷人以其故都大邑商所在地为中央，称中商，由是而区分四土，曰东土、南土、西土、北土。"见[美]张光直，《夏商周三代都制与三代文化异同》，《中国青铜时代二集》，北京：三联书店，1990 年，第 15～38 页。

② 关于城郭和宫室的起源："按《世本》：鲧作城郭。城，盛也。郭，大也。"见[东汉]应劭，《风俗通义校释》，吴树平校释，天津：天津人民出版社，1980 年，第 396 页。《世本·作篇》说："尧使禹作宫室。"见[汉]宋衷注，(清)秦嘉谟等辑，《世本八种·陈其荣增订本》，上海：商务印书馆，1957 年，第 6 页。

关于都、邑、筑、城等的区别，《春秋左传·庄公二十八年》说："凡邑有宗庙先君之主曰都，无曰邑。邑曰筑，都曰城。"另，"郭"，《管子》曰：内谓之城，外谓之郭。《吴越春秋》曰：鲧筑城以卫君，造郭以守民。记以为城郭之始。"《风俗通义》说："天子治居之城曰都，旧都曰邑者也。"见[东汉]应劭，《风俗通义校释》，吴树平校释，天津：天津人民出版社，1980 年，第 396 页。顾炎武《日知录·卷廿二》说："《诗》毛氏《传》，下邑曰都，后人以为人君所居，非也。……又曰，邑有宗庙先君之主曰都，无曰邑。"

《说文》解释"邑"字为："邑，国也，从口，先王之制尊卑有大小。"说明城邑有大小等级之别，具有象征和梳理社会等级秩序的功能。

③ 这里，"国"的概念不同于现代意义上的"民族国家"。《说文》："国，邦也。""国"有诸侯国和国都两种用法。就"诸侯国"的层面来说，又有两个层次的理解：一是确定的空间范围内的政治实体，二是指一种以国家形式存在的社会类型。而今天的"民族国家"则是产生于 18、19 世纪的一种"想象的共同体"(Imaging Community)。见[美]本尼迪克特·安德森，《想象的共同体：民族主义的起源与散布》，吴叡人译，上海：上海人民出版社，2003 年。

度(system of lineage segmentation)"的规范来组织的,它们直接反映着这种分支制度的秩序,也就是一种等级差序的层级关系。聚落布局的规则性所体现的秩序不仅是社会等级秩序的象征,而且是统治阶层获取和维护权力的工具。由于城市的秩序和天地的秩序相比附,就使得这种空间营造作为一种制度而具有了天然的、不容置疑的合理性。

图 3-34 陕西临潼姜寨遗址
图片来源:贺业钜,《中国古代城市规划史》,北京:中国建筑工业出版社,1996年,第44页

图 3-35 周人立国前的房屋群基址
图片来源:[美]张光直,《美术、神话与祭祀》,郭净译,沈阳:辽宁教育出版社,2002年,第11页

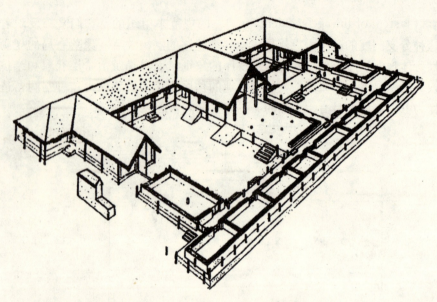

图 3 - 36 陕西周原出土的周人立国前和周初的房屋复原图
图片来源：[美] 张光直，《美术、神话与祭祀》，郭净译，沈阳：辽宁教育出版社，2002 年，第 12 页

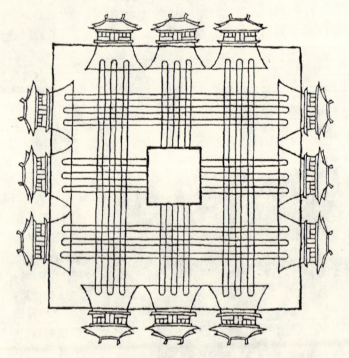

图 3 - 37 根据三礼图重绘的理想化的王城图
图片来源：刘叙杰主编，《中国古代建筑史·第一卷》，北京：中国建筑工业出版社，2003 年，第 208 页

就考古发现来看，这种秩序关系至少早在西安半坡仰韶时期的村落布局中就有了原型。在半坡村落中，房屋分组分布，且围绕中心建筑向心状布置，体现出当时宗族组织的结构。陕西临潼的姜寨遗址分布也呈现出类似的向心状结构，其中，100座房屋分成5个群落，每个群落围绕着一个公共的大房子，不但5个群落围绕着一个大广场，而且，每一个房屋的门都朝向广场。在以后时代的建筑平面布局中保留了这种主次有序的关系，从半坡遗址中体现的秩序就能看出后代城市秩序的雏形，从最早的相对简单的聚落等

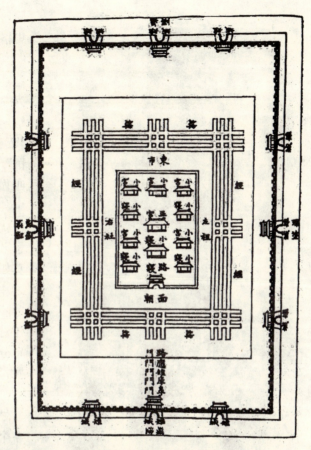

图 3-38 理想化的周代王城（洛阳）图，左祖右社，南朝北市，王宫居中，道路对全城井字划分
图片来源：[美] 张光直，《美术、神话与祭祀》，郭净译，沈阳：辽宁教育出版社，2002年，第10页

级最终演变出复杂的城市和国家等级体系。尽管后来的平面多采用方形，但是，中央统制四方的格局不但没有改变，而且更加精密化、制度化，并且，分化出更丰富的层次关系。

在三代时期，城市的营造就更加具有一种整肃的层级关系，并且，这种城市的营建是有周密规划的。《诗经·大雅·緜》记载了"古公亶父"营建国都的故事，在这首诗中，涉及到相地、择址、择吉、规划、辨方正位、组织施工等完整的建筑流程，让人惊喜的是，诗歌中的这座城邑已经在陕西岐山地区被发掘出来。从其布局中可以看出一种非常规整的、层次分明的秩序。非常著名的《三礼图》中关于"王城"的插图不但把这种秩序抽象化、理想化，而且还把这种"营国之制"制度化，成为历代帝王营建都城的模本。理想王城的格局就是崇尚中心的九宫格形式。在很早的时

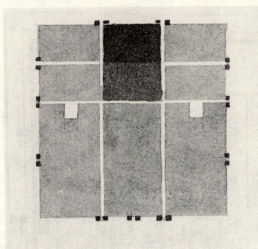

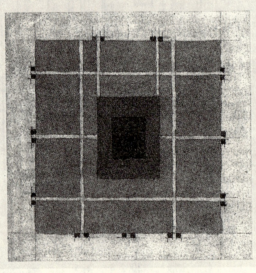

图 3-39 古代都城两种模式，皇城或偏北，或居中

图片来源：[美] 斯皮罗·科斯托夫，《城市的形成》，北京：中国建筑工业出版社，第175页

候，就已经有按照这种理想格局建成的建筑了①。

扬雄《法言义疏·问道卷第四》说："中于天地者，为中国。"裴骃在《史记集解》中引刘熙的说法也认为"帝王所都为中，故曰中国"。中国人自豪地把祖国叫做中国，就是出于"尚中"的观念，古人认为，自己就住在天地的中心。《荀子·大略》说："欲近四旁莫如中央，故王者必居天下之中，礼也。"择中而居是"礼"的要求，同时也有利于对国家的统治。《吕览·审分览第五·慎势》也说："古之王者，择天下之中而立国，择国之中而立宫，择宫之中而立庙。"在国以下各个层次都讲究择中而居。故宫三大殿被置于土字形台基上，符合汉代董仲舒《春秋繁露·五行相生》中所说的"中央土者，君宫也"，就是要强调三大殿位居中央的尊崇地位。当然，历代都城中，有一些并不完全遵守这种择中的理念，比如，唐代的长安城就把宫城放在中心偏北的位置，但我们仍然能够从其城市平面图中看出《周礼·考工记》的影响。据最近的考古发现，唐长安城西市的路网结构总体上呈'井'字，将西市分为九大板块，九宫格局也十分清晰②。再如南宋国都，由于临安地形的限制，很难采用择中立国的格局，但到元代建都时，为了证明蒙古人的正统地位，元

---

① 据考古发现，"在建筑上则殷墟、郑州商城和二里头三处都有大型夯土基址，称为宫殿建筑，而且都是长方形，南北东西整齐排列，木架为骨，草泥为皮，其布局在大体上与《考工记》所记相符。"[美] 张光直，《中国青铜时代》，北京：三联书店，1983年，第60页。

② 《唐长安城"西市"的基本形制为"九宫格局"》。http://www.sn.xinhuanet.com/2006-11/29/content_8653230.htm

大都就恢复了《周礼·考工记》的王城制度，尽管宫城在中央偏南的位置，但从整体格局上看，《考工记》的影响是显而易见的，这种做法一直延续到明清。

在时间中，"中"也具有最高价值，"时中"是事物最理想的状态。

"时中"一词最早见于《周易》"蒙"卦："《象》曰：蒙，山下有险，险而止，蒙。蒙，亨。以亨行，时中也。"所谓"时中"，就是要把握天时，"与时偕行"。易卦的六爻中，二五爻处于中间位置，是《周易》崇尚的中爻，此时此地意味着事物处于最理想的平衡有序状态，类似"九二贞吉，得中道也"的

图 3-40 故宫三大殿被置于土字形台基上
图片来源：http://baike.baidu.com/pic/1/11455395284431315.jpg

说法在《周易》中比比皆是①。如果没有把握时中，就是不吉利的，即"应出不出，失时之中，所以为凶。"②《周易》反复申述变易的道理，就是为了最终求得时中，所以，这种因时而变被叫做"时变"③，就是说，凡事不但要顺应天时，寻求最佳时机，不能太早，也不能太晚，而且，在天时有变的情况下，还要随之而变，不能墨守成规。所以，清人惠栋说得很干

---

① 《周易·解卦》。
② 孔疏《周易·节卦·象》。引自陈戍国，《周易校注》，长沙：岳麓书社，2004年，第150页。
③ 《商君书·画策》说："故时变也；由此观之，神农非高于皇帝也，然其名尊者，以适于时也。"《淮南子·氾论训》也说："此皆因时变而制礼乐者。……是故礼乐未始有常也。"

脆:"易道深矣! 一言以蔽之曰: 时中!"①

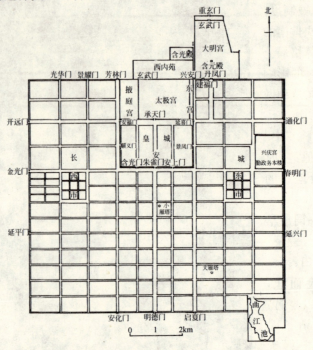

图 3-41 唐代的长安城
图片来源: 贺业钜,《中国古代城市规划史》, 北京: 中国建筑工业出版社, 1996 年, 第 491 页

和《周易》一脉相承, 儒家讲究"中庸之道", "仲尼曰: '君子中庸, 小人反中庸, 君子之中庸也, 君子而时中; 小人之中庸也, 小人而无忌惮也。'"② "中"是儒家哲学的最高行为和道德准则, 儒家经典中许多词汇, 如: "中庸"、"时中"、"中和"、"中道"、"中正"、"中行"、"折中"、"执中"等等都是关于"中"的。"中"是一种理想的和谐状态, 这种和谐使得天地具有

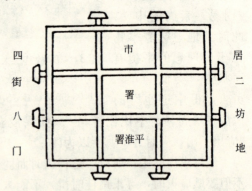

图 3-42 唐长安市制图
图片来源: 贺业钜,《中国古代城市规划史》, 北京: 中国建筑工业出版社, 1996 年, 第 599 页

---

① 《易汉学》之《易尚时中说》。见《文渊阁四库全书电子版》, 上海: 上海人民出版社、迪志文化出版有限公司, 1999 年。

② 《中庸》。

平衡的秩序，万事万物在这种秩序中生生不息，所谓"喜怒哀乐之未发，谓之中，发而皆中节，谓之和。中也者，天下之大本也；和也者，天下之达道也。致中和，天地位焉，万物育焉。"①

《论语·尧曰第二十》记载尧禅位于舜时说的话："尧曰：'咨！尔舜！天之历数在尔躬，允执其中。四海困穷，天禄永

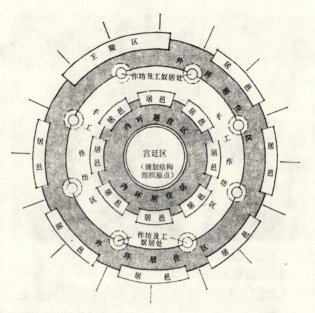

图 3-43 殷都规划结构模式体现择中观念
图片来源：贺业钜，《中国古代城市规划史》，北京：中国建筑工业出版社，1996 年，第 178 页

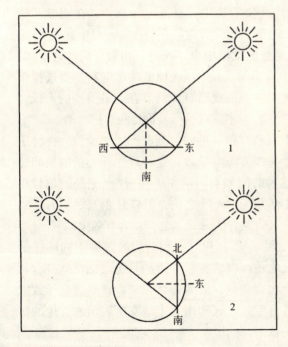

图 3-44 圭表定向示意图
图片来源：冯时，《中国的天文与人文》，北京：中国社会科学出版社，2006 年，第 8 页

终。'"意思是让舜亲自执掌天文历法，要尽职尽责地掌管手中的圭表——中。圭表是测定方位的仪器，也是测定时间的仪器，《诗经·定之方中》说："定之方中，作于楚宫。揆之以日，作于楚室。"按照《尔雅·释天》的解释，"营室谓之定。"《诗经集传》解释得更加清楚："定，北方之宿，营室星也。此星昏而正中，夏正十月也，于是时，可以营制宫室，故谓之营室。""定之方中"就是在营室星位于上中天的夏正十月依据营室星的位置择中，这是营造宫室的第一步，即《国语》所说

---

① 《中庸》。

133

图 3 - 45
故宫太和殿
图片来源：
本书作者摄

的"营室之中，土工其始"。古人还用圭表测定时间，具体方法就是测定日影。由于在空间和时间上"中"都是最重要的，所以，古人把测定方位和时间的仪器就叫做"中"，"中"是位中与时中的统一。

同时符合时中和位中的状态最为古人珍视，《周易》说："保合太和，乃利贞。""太和"就是这种时间和空间的整体和谐状态，是最高、最完美的价值，故宫太和殿以"太和"为名，表明在国家最高级别的建筑中追求的就是这种至高无上的和谐完美。

时间和空间的和谐在古代礼仪活动中，显得尤为重要。在明堂"轮居"的过程中，天子除了随四时变换居住方位，还要在每一时中抽出 18 天居住在中央大庙，这 18 天就是与虚设的中央"长夏"相对应的。再比如，在"五祀"中，祀中霤是最为重要的活动①，这种活动在空间上要选择中央的位置，时间上也要选择处于中央的戊己日，只有在这最美妙的、最理想的，同时也是最重要的时空点上，才适宜举行最重要的祭祀活动。

按照风水学说，对应于空间和方位，不同时刻有不同的价值。在特定的时刻，某些方位是吉，另外一些方位就是凶，这种理念在大量的民间建筑中得到广泛的应用。关于这种时间和空间的完美和谐，《宅经》说得很具体："每年有十二月，每月有生气、死气之位。但修月生气之位者，福来集。月生气与天道、月德合其吉路。犯月死气之位，为有凶灾。"②

《宅经》认为，在每一个月中，都有和时间相对应的两种不同性质的空间方位，即生气之位和死气之位。前者符合天道和月德，也就是符合每个月适宜的事务，所以，就会大吉大利；后者违背天时，自然就会导致灾祸。随后，作者详细列出了各月生死之气和用天干地支所表示的方位的对应关系，作为实施土木之功的依据。

---

① 《说文》："霤，屋水流之。"《玉篇》："霤，流也，水从屋上流下也。"《吕氏春秋·季夏纪》说："中央土，其日戊己，其帝黄帝，其神后土，其虫倮（luǒ），其音宫，律中黄钟之宫，其数五，其味甘，其臭香，其祀中霤，祭先心，天子居太庙太室，乘大辂，驾黄骝，载黄旗，衣黄衣，服黄玉，食稷与牛，其器圜以揜（yǎn）。"

② 《宅经·卷上·凡修宅次第法》。

类似的对时空和吉凶对应关系的论述还有很多,如《宅经》还有:"凡修筑垣墙、建造宅宇,土气所冲之方,人家即有灾殃,宜依法禳之。正月土气冲丁未方,二月坤,三月壬亥,四月辛戌,五月乾,六月寅甲,七月癸丑,八月艮,九月丙巳,十月辰乙,十一月巽,十二月申庚。"可见,风水术不但讲究趋吉避凶,而且,在环境条件不理想的情况下,还要"依法禳之",以求得逢凶化吉。这些风水理论和操作技术形成了极其完备的体系,透过这体系,可以一窥古代玄妙精致的"时中"和"位中"相统一的思想。

上述《宅经》的"修宅次第法"按照一年十二个月的"生气、死气之位"确定吉凶,随着时间的流动,在一个月结束、下一个月开始的时刻,时间的价值所在——"生气"就在空间中相应地转移了位置。《三才图会》中的《甲子六十年神方位之图》等图则以年为单位划分时段,每一年由该年的年神执掌,形成六十花甲子的周期轮换。

空间中的"位中"不是固守在中央,而是"大明终始,六位时成。时乘六龙以御天。"① 体现在《周易》的爻位上,六位的空间变化是随时而成的;体现在人的行为上,就是《易传》所说的"时止则止,时行则行,动静不失其时"。

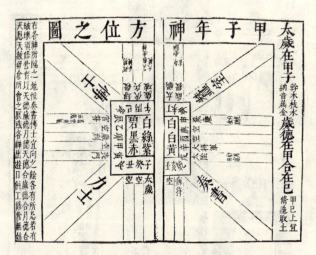

图3-46 甲子年神方位之图之一
图片来源:[明]王圻、王思义,《三才图会》,上海:
上海古籍出版社,1988年,第900~930页

《周易》追求的最理想状态是在时间的运行中,寻求时空的和谐,这才是《周易》的变易之道。儒家的"道"是中庸之道,其理论是带

---

① 《周易·乾卦·象》。

有强烈时间意识的,这种时间意识继承了《周易》的思想,它不是僵死不变的道,而是随着时代和环境的变化而变化的。儒家经典《大学》中写道:"汤之《盘铭》曰:'苟日新,日日新,又日新。'《康诰》曰:'作新民。'《诗》曰:'周虽旧邦,其命维新。'是故君子无所不用其极。"可见,那种认为中庸之道是不求进取的平庸之道的观点显然没有把握"中"的本义。

第三节 时序:等级差序和序列感

"你站在桥上看风景,
看风景的人在楼上看你。
明月装饰了你的窗子,
你装饰了别人的梦。"
——卞之琳(1910~2000)《断章》[①]

图3-47 建筑的视觉序列分析
图片来源:[美]斯皮罗·科斯托夫,《城市的形成》,北京:中国建筑工业出版社,第92页

[①] 卞之琳,《卞之琳诗选》,周良沛编选,武汉:长江文艺出版社,2003年,第57页。

这种复杂而有趣的交互关系不可能产生于单一静止的焦点透视习惯，而只能产生于动态的"仰观俯察"。中国传统建筑正是需要"仰观俯察"才能真正把握的。

　　中国传统建筑与西方不同，虽然其建筑单体立面的美感是毋庸置疑的，但是，同西方建筑相比较，中国建筑更加注重建筑群体的关系，一般来说，建筑单体形式的变化同西方相比要少得多，这些建筑群体往往被围墙包围，它们是内向的，并不刻意把群体的外表展示给人，从四合院到城郭都是如此，从群体的外立面很难透过围墙真正领会它们的整体秩序和美感，它们要求人进入建筑的空间，在时间的流程中体验空间，这就与中国绘画中的散点透视遵循相同的原理，可以说，剥离了时间因素，从固定的视点是不可能把握中国建筑空间关系的精髓的，所以，人们常把中国传统建筑称为"流动"的音乐①，像欣赏音乐一样，中国的传统建筑也是要在时间的序列中体验的。

图 3 - 48　故宫鸟瞰

图片来源：http：//www.photoguilin.com/sp010.htm. 2006.3.21

　　西方现代建筑行为学理论认为空间形态和人的行为方式互相影响，互相决定，从而，时间序列中人的行为构成的事件就通过各种方式和建筑空间发生了联系，成为现代建筑行为学研究的重要内容。但是，对于人的内

---

① 张宇、王其亨在《照应古代音乐美学的中国传统建筑审美观》一文中探讨了中国传统建筑的音乐性，认为，"中国宇宙观强调'时间引导空间'，于是音乐性因素处于至关重要的地位。"《建筑师》杂志，2005年总第116期，第89～92页

在观念与建筑空间的关联，这门学科关注得却不够，而只有在观念层面上引起足够的重视，中国传统建筑的空间形态及其文化内涵才能被充分研究，常见的从空间序列变化与人的审美感受角度研究建筑与时间关系的方式虽然不无道理，也符合西方现代建筑行为学的某些理论，但是，照搬西方现代建筑行为学对于研究中国独特的建筑文化传统来说，却是不全面、不充分的。

受西方建筑理论体系的影响，今天，人们谈论中国传统建筑往往只强调其空间形式上的序列感，强调人们在置身于建筑空间中心理上的时间序列感，其实，这种时空序列远远不是单

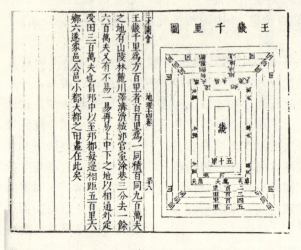

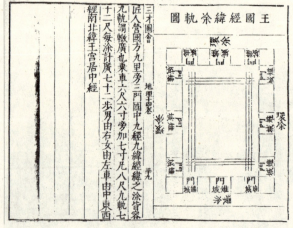

图 3-49 王畿千里图和王国经纬涂轨图中的空间等级序列

图片来源：[明]王圻、王思义，《三才图会》，上海：上海古籍出版社，1988 年，第 450 页

纯的形式追求，而是传统建筑按照有严格等级的社会组织结构分布和特定的宇宙观念而创造出的一种图式。单纯从形式主义的角度去分析，就会剥离形式背后的社会和文化意义。中国建筑的单体形式虽然发展得非常成熟，但是，其真正的美感更存在于建筑的群体之中，单体和群体构成一种和谐之美，而这正是中国古代社会理想化的等级制度与和谐的宇宙观的立体模型。

宋代李诫《营造法式》的序言《进新修营造法式序》中说："况神畿之千里，加禁阙之九重；内财宫寝之宜，外定庙朝之次；蝉联庶府，棋列

百司。"① 这里形象地描绘了一幅井然有序的建筑群体的鸟瞰图。这种群体格局反映了社会地位、财富多寡、长幼尊卑等社会关系,这种等级秩序在建筑中被制度化,并以"模数"——材分制度的形式加以规范,也就是《营造法式·卷四·大木作制度》中的"凡构屋之制,皆以材为祖,材有八等,度屋之大小因而用之。"② 这种"模数"远非一种技术手段而已③。

空间的秩序和序列感往往是通过建筑的轴线来贯穿和组织起来的。轴线的运用,在中国建筑中有古老的渊源。

从5000多年前的内蒙古大青山地区原始社会祭坛的平面布局中就能看到严整的中轴线,在之后的偃师二里头遗址、湖北盘龙城遗址、安阳小屯遗址等处都发现有应用轴线布置建筑群体的实例。轴线的本质是人们用理想的、规则的秩序对复杂的建筑对象加以整合规范,使人们内在的秩序感

图3-50 湖北盘龙城遗址
图片来源:贺业钜,《中国古代城市规划史》,北京:中国建筑工业出版社,1996年,第163页

---

① [宋]李诫,《营造法式》,北京:中国书店出版社,2006年,第15页。
② 同上书,第71页。
③ 建筑所反映的秩序井然的社会等级差序图式体现在从国到家的各个层次,有关记载很多:
《国语·齐语》:"管子治国,五家为轨,轨为之长;十轨为里,里有司;四里为连,连为之长;十连为乡,乡有良人焉。"
《周官·大司徒》:"令五家为比,使之相保;五比为闾,使之相受;四闾为族,使之相葬;五族为党,使之相救;五党为州,使之相赒(zhōu);五州为乡,使之相宾。"
《管子·立政》:"分国以为五乡,乡为之帅;分乡以为五州,州为之长;分州以为十里,里为之尉;分里以为十游,游为之宗;十家为什,五家为伍,什伍皆有长焉。"
《管子·度地》:"州者谓之术,不满术者谓之里;故百家为里,里十为术,术十为州,州十为都,都十为霸国,以奉天子。"
《日知录·卷廿二》:"其名始于《周官·小司徒》,九夫为井,四井为邑,四邑为丘,四丘为甸,四甸为县,而王之子弟所封及九卿之采在焉;于是乎有都宗人、都司马,其后乃为大邑之称尔。"等等。

外化于建筑的形式中，是人的理性力量的实现。但轴线的作用不只是像一般的几何形状那样仅仅赋予对象规则的外在形式，而是在轴线中体现出了一种主次等级秩序，这种对建筑等级秩序的梳理一方面反映了人们有尊卑贵贱的社会层级关系，另一方面也反映出人们给建筑不同位置、不同朝向乃至不同形状赋予了不同等级的价值。轴线的运用，强化了空间的秩序感和时间的序列感，也强化了建筑所反映的社会等级秩序。

所以，建筑的"序列感"、"时空序列"等说法，只有在考虑到建筑群体格局对社会秩序的规范作用、天人关系等深层社会文化意义时才能被正确地用来解释中国传统建筑，所谓的"时空序列"只是这些内在涵义在物质层面上体现出来的外在形式而已。

由社会的等级差序造就了有强烈序列感的建筑形式，除此之外，在形式背后的观念层面上，对"时序"的遵循还有着顺应"天时"，即"承天之序"的意义。

如果说空间是物质客体的广延性和并存的秩序，那么时间就是物质客体的持续性和接续的秩序，这种秩序揭示了事物之间的必然联系。其中，时间中的秩序表现为"持续性和接续性"，在人的心理上就会产生延续感和序列感，在汉语中，这种秩序叫做"时序"。

"时序"是古人主动追求的一种秩序，它体现在上至帝王，下至一般民众各个层次上。

《汉书·郊祀志下》："帝王之事莫大乎承天之序，承天之序莫重于郊祀，故圣王尽心极虑以建其制。祭天于南郊，就阳之义也；瘗（yì）地于北郊，即阴之象也。"这是讲，帝王的政治、礼仪活动乃至日常起居都要顺应"时序"，特别是在最重要的郊祀活动中，更应该遵循天时。《逸周书·尝麦解第五十六》说："用大正（政），顺天思序，纪于大帝"，也是讲治国要顺应时序①。

具体到个人的层面，顺应时序也是关乎个人品性的大事。《周易·乾卦》说："夫大人者，与天地合其德，与日月合其明，与四时合其序，与鬼神合其吉凶。先天而天弗违，后天而奉天时。"② 这是说，能够顺应四时的秩序是判断某人的人格高尚与否以及决定他的行为成功与否的重要标准。这是在个人品格上讲"时序"的重要性。

时序不是没有任何意义的先后顺序，《大学》说："物有本末，事有终始。知所先后，则近道矣。"时序不是一般计量意义上的先后顺序，它关

---

① 《文渊阁四库全书电子版》，上海：上海人民出版社、迪志文化出版有限公司，1999年。
② 北宋周敦颐的《太极图说》也说："故圣人与天地合其德，日月合其明，四时合其序，鬼神合其吉凶。君子修之吉，小人悖之凶。"

乎中国哲学的终极追求——道。

作为中国思想史上最重要的经典,《周易》对时序是极为重视的。

按东汉许慎在《说文解字》对"易"字的解释:"易,蜥蜴,蜓蜓守宫也,象形。《祕书》说:日月为易,象阴阳也。一说从勿,凡易之属皆从易。"也就是说,"易"当作蜥蜴解释时,取的是其颜色多变的意思;作日月解时,取其阴阳交变的意思。多数易学家赞同第二种说法,如《周易参同契·乾坤设位章第二》就说:"日月为易。"不论哪种说法,都强调变化的意思,变化的意义重大,《周易》有言:"穷则变,变则通,通则久。"英国的理雅各(James Legge,1815~1897)1882 年翻译出版的《周易》就叫做《Book of Changes》,1924 年出版,由著名心理学家卡尔·荣格(Carl Gustav Jung,1875~1961)作序的德文版译本书名也译作《周易,或变化之书》,而遍观《周易》,几乎无时不在讲述宇宙间的变化,并且,这种变化是"时序"中的变化①。

《周易》中三次出现"与时偕行",《周易·上经》说:"'终日乾乾',与时偕行。"《周易·下经》说:"损刚益柔有时,损益盈虚,与时偕行。""益动而巽,日进无疆。天施地生,其益无方。凡益之道,与时偕行。"还有一处提到"与时消息"②,另外,"与时行也"的说法也是这个意思③。类似的讲法在《周易》中还有许多,因为《周易》就是一部研究天地万物因时变易之道的著作。把《周易》奉为经典的数术在实际操作中同样极为重视时间因素,"数之时义大矣哉"④。

《周易》不仅重视对卦象的解读,更注重卦序的排列。《周易》有各种不同的卦序,特别是在汉代,对卦序进行重新排列形成风气。历代比较有代表性的卦序有京房八宫卦序、元包经卦序、连山易卦序、归藏易卦序、乾坤易卦序、先天卦序和后天卦序等。尽管卦序排列方式不一,但它们都反映了阴阳二气的此消彼长,特别是西汉京房八宫卦序中的"游宫说"很形象地揭示出时间循环往复与空间周转位移的动态规律,并且,通过《京房八宫卦图》直观地说明了阴阳消息的循环过程。在《京房八宫卦图》中,将六十四卦分为八组,其中,每宫卦统帅下面的七个卦,以乾宫为例,乾卦六爻全是阳爻,其后的姤(gòu)卦—阴爻开始生成,后面的遁、否、观、剥各卦依次阴长阳消,到晋卦又从外卦四位开始向阳转化,到大有卦则下卦又变成纯阳的乾卦,完成一次阴息阳消的过程。湖南长沙马王堆汉墓出土的帛书《周易》卦序也不例外,帛书《周易》经文的六十四

---

① 关于《周易》的"易"还有"变易、简易、不易"三种解释。
② 日中则昃,月盈则食,天地盈虚,与时消息,而况于人乎,况于鬼神乎?
③ 《象》曰:"遯(dùn)亨",遯而亨也。刚当位而应,与时行也。
④ 《推背图全集金圣叹批注本·序》。

卦，实际上可以看作是八经卦按照一定次序，游徙以居六十四卦的内卦而形成的①。"游宫说"的原理和天子在明堂中的"轮居"如出一辙，都是对宇宙中时间在空间中按照一定的时序循环游走的效法。

另外，在建筑的营造过程中，先后顺序也是首先要考虑的。

《礼记·曲礼》："君子将营宫室。宗庙为先，厩库为次，居室为后。"《朱子家礼》也说："君子将营宫室，先立祠堂于正寝之东。"在君王营建宫室的时候，要依据各种建筑在礼制上的重要性安排好先后顺序，不得违背。

兑宫	离宫	巽宫	坤宫	艮宫	坎宫	震宫	乾宫	八宫
兑	离	巽	坤	艮	坎	震	乾	八纯卦
困	旅	小畜	复	贲	节	豫	姤	一世
萃	鼎	家人	临	大畜	屯	解	遁	二世
咸	未济	益	泰	损	既济	恒	否	三世
蹇	蒙	无妄	大壮	睽	革	升	观	四世
谦	涣	噬嗑	夬	履	丰	井	剥	五世
小过	讼	颐	需	中孚	明夷	大过	晋	游魂
归妹	同人	蛊	比	渐	师	随	大有	归魂

图 3-51 京房八宫卦图
图片来源：张其成，《易图探秘》，北京：中国书店，1999 年，第 5 页

---

① 邢文，《帛书周易研究》，北京：人民文学出版社，1997 年，第 86 页。

对于一般性的住宅来说，营建的顺序同样不是随意的①。修建宅第虽然不必像国家级的重大建筑那样要依据复杂的礼制制度，但是，出于趋吉避凶的实用目的，人们必须遵守风水理论的规范。

所以说，在古人看来，建筑不只是设计空间形式的问题，时间的先后顺序往往比空间更重要，建筑空间秩序的安排实际上是在强烈的时序意识指引下进行的。

第四节　时间向度——永恒的回归

时间是有方向的，如同空间一样。人们借用空间性的词汇——前、后来描述时间的方向，时间的前、后指向过去、现在、未来。

但过去、现在、未来是在什么样的轨迹上？过去和未来有没有相对应的起点和终点？时间的方向是以现在还是过去或未来为参照？是从现在指向过去和未来，还是从未来直奔现在？抑或……

这些看似简单的问题，竟然至今没有确定的答案。

古今中外关于时间的向度不外乎两大类学说，就是循环的和直线的时间观念。

古代文明中，以印度为代表的东方文明和以犹太为代表的西方文明对待时间的态度是不同的。前者持时间循环的观点，后者则认为时间是有始有终的②。两种代表性的时间观念对应着东西方两个代表性的古代文明，后者孕育了西方的现代哲学，对于人来说，时间作为转瞬即逝的直线，必然有一个终点，也就是死亡；而前者的逻辑则是生生不息。

除了印度，还有许多民族的先人，如中国人、古希腊的斯多噶学派、中美洲的玛雅人，都相信时间和空间是环状的，他们通过或者哲学、或者神话、或者节日等方式传达出这种观念。循环的时间观同人的日常经验是相符的，人们根据观察认识到，天体的圆形运转轨道决定了圆形的宇宙空间，周而复始的昼夜和四季反复印证着时间是按照封闭的圆环状循环的。

虽然王夫之（1619～1692）有言："自虚而实，来也；自实而虚，往也；来可见，往不可见。来实为今，往虚为古"③，时间有来有往，但他没有说这个来往的路线一定是直线的。相反，中国人对循环时间观的论述却非常多，如，《周易·泰卦》说："无平不陂，无往不复。艰贞无咎。勿恤

---

① 《宅经·卷上·凡修宅次第法》："先修刑祸，后修福德，即吉；先修福德，后修刑祸，即凶。阴宅从已起功顺转，阳宅从亥起功顺转。"
② 伊利亚德说："在印度，宇宙的循环学说（yugas）得到了系统地阐发。"与此不同的是，"对于犹太思想而言，时间有其起点也将有其终点。时间的循环思想被抛在了脑后。"［罗马尼亚］米尔恰·伊利亚德，《神圣与世俗》，北京：华夏出版社，2002年，第57~59页。
③ 王夫之，《周易外传·卷六》。转引自刘文英，《中国古代的时空观念》，天津：南开大学出版社，2000年修订本，第132页。

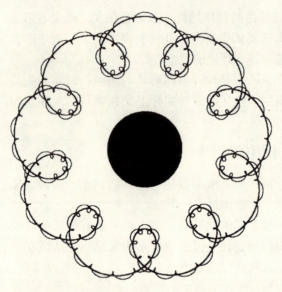

图 3-52 地心说中所阐释的天体的转动,中间的黑色圆形为地球

图片来源:宫崎兴二,《建筑造型百科·从多边形到超曲面》,陶新中译,北京:中国建筑工业出版社,2003年,第110页

其孚,于食有福。《象》曰:'无往不复',天地际也。"《老子》也说:"致虚极,守静笃。万物并作,吾以观其复。夫物云云,各归其根。"循环往复是天地万物共同遵守的法则。

时间的循环按照周期的长度形成大小不同的圆环,《荀子·赋第二十六》说:"千岁必反,古之常也。"这是大尺度的圆环,在其圆周上,又有稍小些的圆随着大圆公转和自转,从年到月、日、时等,周期大小不等,《周易》说:"反复其道,七日来复,利有攸往"①,就是以七天为一个周期的小圆,这众多时间圆环的运转方式正如天体的运行,因为人们认识时间所根据的正是天体的运行,天体的运行和时间的循环是同构的。

与时间一样,生命也遵循一种环状的轨迹。五行的排序中有一种"相生序"②,即"木火土金水",按照五行与四方的配伍,"五行顺布,四时行焉"③,就是依循东西中南北的运行顺序互相化生,从而形成一个完整的大圆,首尾相接,循环不止,生命就在这随着四时而循环的大圆中生生不息地孕育着。所以,《庄子》说:"生也死之徒,死也生之始,孰知其纪",北宋周敦颐的《太极图说》也写道:"原始反终,故知死生之说,大哉易也,斯其至矣!"循环的时间观导致一种达观的生命态度,这种生命态度体现出对时间周而复始地回归原始起点的信念。《孙子·兵势》说:"终而复始,日月是也;死而复生,四时是也。"人们相信,时间就像生命,会死而复生,一如日出日落和月亮的阴晴圆缺。

---

① 《周易·上经·复》。
② 详见[英]李约瑟,《中国古代科学思想史》,陈立夫等译,南昌:江西人民出版社,1999年,第319~329页。
③ 北宋周敦颐的《太极图说》。

对于生命的理解，中国人有自己的见解，在很多方面和其他文化是不同的。以中国人的名字为例，中国人关于生命延续的观念在其姓名上得到很好的反映。在中国，姓氏远比名字重要，姓氏要放在名字的最前面，之后往往要按照家谱排定的顺序在姓氏后面加上表示辈分的字，最后才是属于个人的名，而西方多数民族则把姓放在名字后面。中国人的姓名结构反映的是家族分支的结构和层次，更反映了中国人对血脉传承的重视，生生不息的生命整体远较个体生命重要。姓氏是生命传承的标记，姓就是一种代代相传的生命整体[1]。

体现在建筑上，古埃及人出于对永生的渴求而建造了坚固的金字塔，希望把时间凝固住，也就是消灭飞逝的时间。西方古典建筑也用石头建成，特别是他们的纪念性建筑透露出对死亡和时间的畏惧和抗争，这种抗争产生一种悲壮宏大的美感，"一种反抗时间的美"[2]，他们抵抗时间的方式是从建筑中剥离时间，获得永恒。

中国人则显得很从容，虽然人们常慨叹人生苦短，但是，在对时间延续的体悟中，通过血脉传承，人们找到了生命的永续。所以，对待地上建筑，中国人很少追求不朽，中国建筑选择使用寿命比石头短得多的木材为主要材料，与这种观念恐怕有直接关

图 3 - 53　瓜瓞绵绵：生生不息的生命观

图片来源：http://pm.cangdian.com/Data/2006/PMH01154/CD003113/img/x/CD003113 - 0452.jpg

---

[1] 《说文》说："姓，人所生也。古之神圣母感天而生子，故称天子。从女从生。生亦声。"《春秋传》曰："天子因生以赐姓。"《白虎通·姓名》说："姓者，生也。"《左传》杜注说："姓，生也。"顾炎武也说："取妻不取同姓，姓之为言生也。"见《日知录·卷六》。
[2] "艺术作品的完美性消除了时间的重负，使我们可以处于一种表面上永恒的存在中，即便这只是暂时的。"[美]卡斯腾·哈里斯，《建筑的伦理功能》，申嘉、陈朝晖译，北京：华夏出版社，2001年，第20页。西方建筑"通过给环境赋予灵性来抵抗时间的恐怖，将敏感无常的事物重新塑造成崇高的、无时间性的实体。"同前书，第221页。

图 3 - 54
金字塔前的狮身人面像
图片来源：本书作者摄

系。明代计成的《园冶·相地》说："固作千年事，宁知百岁人；足矣乐闲，悠然护宅。"在这种悠然自得的心态中，中国人从容地享受着生命①。

《诗经·周颂·清庙之什·烈文》有"惠我无疆，子孙保之。"很多器物的铭文也多见这类字眼。这种观念体现在风水学说中，就是相信并希望死者的住所——阴宅中的地气会与生者的阳宅中的生气取得和谐，在具备和谐关系的环境中，死者和生者都会得到福祉。所以，中国的建筑充满动感的造型和空间组织形式，不像古埃及极为稳固的金字塔和西方的石头建筑那样企望留住时间，而是希望让世代延绵的生命在连通死生两界的风水宝地中、在永无尽头的、循环往复的时间之流中延续。

图 3 - 55 "反抗时间的美"，法国巴黎的公墓
图片来源：本书作者摄

图 3 - 56 北京东岳庙展出的清代坟谱
图片来源：赵伟摄

---

① 阳宅使用木材，阴宅中广泛采用砖石，还和五行中的木和土的含义相关。见程建军，《燮理阴阳》，北京：中国电影出版社，2005年，第3～5页。

第四章　时间观念与场所精神

第一节　人的时间

时间不是抽象的、虚幻的，它不像有些科学家所说的："时间是种错觉。"① 对人来说，它是有意义的。

意义（meaning），在现代汉语里有两方面的含义，其一是指"内容"，和"形式"是相对的；其二是指"价值"。具体到艺术领域，情况则很复杂，艺术到底要不要意义，或者说艺术是否一定要表达一定的意义，在现代艺术运动产生以来是个颇多争议的问题。

对于西方现代主义艺术运动中的许多艺术家来说，意义是对纯粹可视性的视觉形式的束

图4-1　艺术变得越来越纯粹。至上主义画家马列维奇的作品
图片来源：http://st0721.shineblog.com/user2/20294/upload/20059285120.jpg

---

① 语出爱因斯坦。[德]伊利亚·普利高津，《确定性的终结——时间、混沌与新自然法则》，湛敏译，上海：上海科技教育出版社，1998年，引言第1页。

缚，现代派艺术家的使命就是还艺术以纯洁性，让艺术摆脱思想内容、抒情、意义的束缚，实现自律。作品中的情节、叙事、寓意、对思想的解说，甚至对外在物象的描绘都被抛弃，艺术变得越来越纯粹，艺术只对自己负责，要"为艺术而艺术"。然而，事情的结果却违背了他们的初衷，"完全相反，比任何时候他更自觉地在这里见到他的合法性，那就是他对世界作了解说，指示了'存在于世界内'的意义。"①"意义"并非如现代派艺术家所声称的那样被彻底放弃了，只是那些在古典艺术中被给定的、得到普遍认同的意义已经被丢弃，艺术家要自己去思考和寻找"意义"——寻找存在的意义、世界的意义，也寻找艺术自身的意义。在现代派艺术家努力把负载着丰富文化意义的艺术还原为纯粹的形式语言的同时，这些艺术语言又悖论式地附加上了他们的形式主义理念，从而成为另一种意义的载体，意义如同艺术的影子，终究没能被甩掉。

在建筑领域，即使那些很简陋的房屋，也往往承载了丰富的意义和文化信息，这一点，可以在众多的乡土建筑和更加简陋的原始建筑中找到明证。原始简陋的乡土建筑甚至常常蕴含着比复杂舒适的现代建筑更丰富的文化价值，抽空了文化和意义，单纯把建筑看作空间形式，只能使之沦落为徒具功能性的"房子"②。

图4-2　只有人"曾经存在一段时间"。新疆吐鲁番苏公塔下的穆斯林墓地
图片来源：本书作者摄

人类对时间的感悟和思考作为一种文化因素存在于建筑中，使建筑不再是没有文化意义的纯粹物理空间。建筑中体现的经过人们理解的时间同样是有意义的，它不能被看作是纯粹的物理时间，这种时间是

---

① [德]瓦尔特·赫斯，《欧洲现代画派画论选》，宗白华译，北京：人民美术出版社，1980年，第4页。
② 正如汉宝德在《住屋形式与文化》中文版的序言中所说："如果一定要找出一个最重要的因素作为乡土建筑成因的核心，那只有'文化'二字了。"拉普普（Amos Rapoport），《住屋形式与文化》，张玫玫译，台北：境与象出版社，1979年第2版，汉宝德序。

"人的时间","没有人就没有时间。"① 所以,海勒(Agnes Heller)的《历史理论》说:"只有人'曾经存在一段时间',只有人能够讲述他的故事,因为只有人知道'曾经存在一段时间'。'曾经存在一段时间'是人的时间。它是人类的时间。"②

基督教神学家认为时间是神的时间③,在中国,时间是人对天启的领受,神圣的

图 4-3 法国画家普桑的作品《阿尔卡迪的牧人》,墓碑上写着:"阿尔卡迪也有死神"
图片来源:李春,《世界美术全集·欧洲 17 世纪美术》,北京:中国人民大学出版社,2004 年,第 175 页

时间需要人付出崇敬之心。《尚书·尧典》:"乃命羲和,钦若昊天,历象日月星辰,敬授人时。"这里所说掌管四时的羲和是尧手下执掌天文的官员,他们虽然已经不是神,但是,四时的神圣意义丝毫不减。对"人时"的把握直接关涉到国家的事务,按照司马迁的说法就是"信饬百官,众功皆兴"④。所以,古今中外都能找到对历法的垄断现象,历史上的每次历法变革都是权力斗争的结果,垄断时间就是垄断权力。

而许多唯物主义者,如马克思,则认为时间不属于神,而是属于人⑤。虽然所谓"时间是人的时间"在唯物主义者那里不能从笛卡尔"我思故我在"的意义上理解,但是,如果没有人的领悟和思索,时间即使是客观存在的,也不会有人知道其存在,脱离认识主体的时间对人来说是没有意义的。完全割裂时间和人的关系,则会局限在单纯的物理学领域,忽略时间和生命的关联,就会抹杀时间对于人的意义以

---

① [德]海德格尔,《时间与存在》,载《海德格尔选集》,孙周兴选编,上海:上海三联书店,1996 年,第 678 页。
② Heller, Agnes. A theory of history. London; Boston: Routledge & Kegan Paul, 1982. p3.
③ 奥古斯丁对上帝赞美道:"于此可见,你丝毫没有无为的时间,因为时间即是你创造的。没有分秒时间能和你同属永恒,因为你常在不变,而时间如果常在便不是时间了。"[古罗马]奥古斯丁,《忏悔录》,周士良译,北京:商务印书馆,1963 年,第 242 页。
④ 《史记·五帝本纪第一》。
⑤ "时间实际上是人的积极存在","它不仅是人的生命的尺度,而且是人的发展的空间。"《马克思恩格斯全集》第 47 卷,北京:人民出版社,1979 年,第 532 页。

及时间中丰富的文化涵义。如果没有了时间意识，人的文化本质就会被剥离①。

每个人对时间的知觉是随同其生命产生和消失的，人生作为属于每个生命个体的独特事件发生在一系列独特的时间和空间之中②，时间的真正意义在于它是生命的存在形式，它同人生中一系列的事件相关联，时间的意义对人来说就是生命的意义。

在海德格尔看来，"先行向死存在"是作为人的"此在"达到其本真的唯一途径。"此在的本真状态就是构成其最极端的存在可能性的东西。通过这一最极端的可能性，此在原始地得到了规定。"由于此在知道自己不可避免死亡这一最极端的可能性，并且以"畏缩的认识方式知道死亡"，对时间的认识就成了首要的问题，甚至"时间就是此在。"这一论断可以从下面这个悖论式的陈述来理解："此在总是某种尚未结束的东西。如果他达到了其终点，它恰恰就不再存在了。在这个终点之前，此在决不真正地是他所能是的东西；而如果它是这个终点，那么它就不再存在。"③ 不但人，而且所有的存在都是通过时间而被规定为在场状态，恰恰是此在对有限时间性的领会才赋予存在无穷的意蕴。

第二节　建筑中的时义和生命精神

1. 连接天人的生命通道

控制论创始人维纳（N. Wiener，1894～1964）把社会中人们之间的信息交流，即社会通讯，比作混凝土，如果没有这种混凝土，社会就不成其为社会④。古代中国的"社会"不只是人的社会，它是天、地、人三才的统一体，"社会通讯"不只是在人之间进行，而且还存在于人与天、人与

---

① 张志扬在《渎神的节日——一个思想放逐者的心路历程》中描述了时间意识丧失后人向动物状态的蜕变："把一个人还原为动物太容易了，只须把时间重复到没有时间就行。《东方红》唱了，起床。送水送饭，收碗。送水送饭，收碗。送水送饭，收碗，倒马桶。《国际歌》响了，睡觉，不熄灯。时间的悬置是真正的还原：吃饭，拉屎，睡觉。""时间的悬置把生命还原为一个抽象的存在，它之所以抽象，不仅在于它是单个人，单个的蛋白体，还在于它仅仅是单个的思维，即唯有思维才能显示着的存在，从胡塞尔退到笛卡儿'我思故我在'。"张志扬，《渎神的节日——一个思想放逐者的心路历程》，上海：上海三联书店，1997年，第3～4页。
② 王家卫的电影《2046》中有一句对白说的就是这种感悟："其实爱情是有时间性的，认识得太早或太晚都是不行的，如果我在另一个时间或空间认识她，这个结局也许会不一样。"
③ ［德］海德格尔，《时间概念》，载《海德格尔选集》，孙周兴选编，上海：上海三联书店，1996年，第16～24页。
④ "社会通讯是使社会这个建筑物得以粘合在一起的混凝土。"［美］维纳，《人有人的用处》，陈步译，北京：商务印书馆，1978年，第17页。

地之间,正是依靠这种"混凝土",才能维持社会系统的协调运转①。

负责沟通天人的是巫觋,"在男曰觋,在女曰巫"②。巫觋中后来有些人成为史官,在王室是掌握很大权力的行政官吏,学者们一般都同意三代的帝王就是巫师的首领,并且他们本人就是巫师,是掌握着最高权力的神职人员,掌握着沟通天地的权力。

公元前四世纪的《国语·卷十八·楚语下》讲述了一个"绝地天通"的故事,即天人关系的演变。

"民神不杂"的时候,"天地神民"之间存在着一种井然的秩序,人和神是和谐共处,互相依存的。虽然神的地位高于人,能力也远在人之上,但是,神需要"民以物享"之,人对于自然的看护、尊敬和善待得到的回报是"神降之嘉生","祸灾不至,求用不匮"。"天道"和"人道"都有序地运行着。

及至"九黎乱德",人和神之间的秩序被扰乱了。人的僭越和不敬致使"嘉生不降",人从神得到的恩惠因为这种混乱而丧失了,神因为人的疏于看护也贫瘠得使人"无物以享",人和神之间的关系陷入了恶性循环,"天道"和"人道"的秩序被打乱了。

于是,先祖颛顼受命于危难,整顿"天地神民"之间的关系,通过"绝地天通"使"天地神民"各居其位,各司其职,并任命重和黎二人负责天人交通。"绝地天

图 4-4 西方也有类似"绝地天通"的故事。勃鲁盖尔 (Pieter Bruegel, the Elder, 1525~1569) 绘于 1563 年的油画《巴别塔》表现人类营建通天塔的场面,人类的计划被神阻止了。巴别塔是人类的第一座"违章建筑"
图片来源: http://mywallop.com/wc2/4510473_per/pic/10871452.jpg

---

① 这一点在中国封建社会阶段更加突出,大一统始终是中国封建社会的主导形式,这种"社会通讯"对于中国封建社会的重要性被金观涛、刘青峰运用控制论原理加以解释:"事实上,中国封建社会之所以和世界上许多封建国家不同,具有大一统的特点,正是由于它独特的结构,以及发达的内部交往和存在着特殊的执行联系功能的阶层所致。"见金观涛、刘青峰,《兴盛与危机——论中国封建社会的超稳定结构》,长沙:湖南人民出版社,1984 年,第 23 页。
② 《国语·卷十八·楚语下》。

图4-5 青铜礼器
图片来源：http://blog.cz001.com.cn/attachments/2007/08/1398_200708091018131.jpg

通"不是彻底断绝人与神的联系，而是让巫觋垄断天人交通的权力，杜绝黎民对神的冒犯，重新获得已经丧失的天人之间和谐的关系。

在中国哲学中，天人关系是核心主题之一，"绝地天通"的故事说明，这个主题在神话时代就有其渊源，在《周易》中，有一个重要的现象也能说明这一点。《周易》里，每一卦在说完自然物象之后，都要接着把人比附上去，可以说，《周易》从始到终都关注的是天人的关系。例如，在"乾"卦中说完"天行健"，接着就说到人："君子以自强不息。"在"坤"卦中，说完"地势坤"，就说"君子以厚德载物。"还有："云雷，屯。君子以经纶。""山下出泉，蒙。君子以果行育德。""云上于天，需。君子以饮食宴乐。""天与水违行，讼。君子以作事谋始"，等等。

垄断天人交通的关键在于垄断祭祀天地的礼器。

礼器在中国艺术史中的重要性不亚于礼制在古代社会的重要性，因此，古人把巨大的人力物力用于礼器的制作。三代时，青铜礼器数量之多，制作之精美都是空前绝后的，与此形成对照的是，这个时期很少有青铜农具。从今天艺术的角度看，这些礼器都是成就很高的艺术品。直到战国时期，青铜礼器才日渐式微，青铜器走向了实用。

礼器在三代被称为重器，并且有不同的等级，从等级最高的、象征王权的"九鼎"到只有实用价值的"用器"之间，层次分明，不能僭越。这些器物的层次等级被用来区分君臣、尊卑、长幼、男女等社会等级，协助权力的拥有者维持社会的秩序。

《左传·宣公三年》有一段著名的"问鼎"的故事，可以说明礼器的重要性：

"楚子伐陆浑之戎，遂至于洛，观兵于周疆。定王使王孙满劳楚子。楚子问鼎之大小轻重焉。对曰："在德不在鼎。昔夏之方有德也，远方图物，贡金九牧，铸鼎象物，百物而为之备，使民知神、奸。故民入川泽山林，不逢不若。螭魅罔两，莫能逢之，用能协于上下以承天休。桀有昏德，鼎迁于商，载祀六百。商纣暴虐，鼎迁于周。德之休明，虽小，重也。其奸回昏乱，虽大，轻也。天祚明德，有所厎止。成王定鼎于郏鄏，卜世三十，卜年七百，天所命也。周德虽衰，天命未改，鼎之轻重，未可问也。"

这里最后一句话给出了周王继续掌握至上权力的理由，就是周王不但"有德"，而且仍然掌握着与天的交通，而能证明这一点的是周王掌握着天人交通用的礼器——鼎。这些象征国家权力的"九鼎"具有非同一般的神性，它们会"不迁而自行"①。

同礼器一样，礼制建筑也具有神圣的地位。古代建筑的形制有严格的等级规定，不但君臣有别，而且，即使在王族内部也有极为森严的秩序。以宗庙为例，从建设城邑的顺序到不同辈分祖先宗庙排列次序，都体现了礼制的要求，借助礼制建筑，对百姓实施教化②，古代非常重视礼制建筑的这种教化作用，所以，《礼记·曲礼》说："君子将营宫室。宗庙为先，厩库为次，居室为后。"宗庙被当作最重要的建筑要先于其他建筑营造。

在礼制建筑中，借助礼器，人们举行隆重的祭祀仪式，目的是和神进行交流，沟通天地之气，这时，就需要特定的通道③。在中国古代建筑中，中霤、门、窗等就是这种通道。

在礼器中，有一种叫做琮的东西，由玉制成。玉琮外方内圆，中心上下贯通，

图4-6　良渚文化的玉二节兽面纹琮。故宫博物院藏
图片来源：本书作者摄

---

① 《墨子·耕柱第四十六》。
② 即《乐记》所谓"武王克殷，祀于明堂，而民知孝。"又如《中庸》所说，"宗庙之礼，所以序昭穆也。序爵，所以辨贵贱也。序事，所以辨贤也。"
③ "居住地、圣殿、住房和身体都是宇宙。这些宇宙中的每一个都有一个向外开放的通道，尽管这些观点也许是在不同的文化中得到了表达（如宇宙的眼、烟筒、brahmarandhra，等等）。"［罗马尼亚］米尔恰·伊利亚德，《神圣与世俗》，北京：华夏出版社，2002年，第101页。

图4-7 东汉末期社神石刻画像
图片来源：冯时，《中国古代的天文与人文》，北京：中国社会科学出版社，2006年，第148页

这种形式让人把它同房屋的"中霤"联系在一起①。因为相信"天圆地方"，通过中空的通道贯通方圆，也就能把天地联系起来，"中霤"在建筑中也是这样的通道。

在古代建筑中，门、窗和中霤是主要的通道，从功能上说，门主要用于人的出入，窗和中霤则是光线、风和雨水出入的通道，此外，它们还是天人沟通的通道，神灵往往出入于甚至守护于这些通道②。

祭祀中霤是"五祀"之一③，中霤是在建筑顶部的一个上下流通的通道，这种通道不只存在于中国的建筑，"建筑物穹顶的'眼'是在几个建筑传统中都存在的一个字眼。"④并且，这些"眼"的作用大都相同，那就是当作天人交通的通道。

在宗庙中，充当连接天地中介的是"社"，即一个石头柱子，它也被当作沟通"天地阴阳之气"的通道。《史记·孝武本纪第十二·正义》载："社，主民也。社以石为之。宋社即亳社也。周武王伐纣，乃立亳社，以为监戒，覆上栈下，不使通天地阴阳之气。周礼衰，国将危亡，故宋之社

---

① "吉斯拉（Giesler）以琮为家屋里'中霤'即烟筒的象征。"[美]张光直，《中国青铜时代二集》，北京：三联书店，1990年，第70页。
② "在古中国住屋不仅是日常宗教仪式的殿宇，它的屋顶、墙、门、灶火……等都有神灵护卫"。拉普普（Amos Rapoport），《住屋形式与文化》，张玫玫译，台北：境与象出版社，1979年第2版，第51页。
③ "五祀"说法不一，按《世本·作篇》张澍注："澍按《世本》言汤作五祀，故《曲礼》谓'天子五祀岁遍。'郑康成以为商制。《汉志》：'一户、二灶、四门、五井。'《白虎通》：'高堂隆、刘昭之说皆然。'后汉、魏晋皆从之。汤五祀：户井灶中霤行，有行无门，而《月令》乃有行无井，康成仿之，故隋唐以行代井。开元礼：祀户、司命以春；灶以夏；门厉以秋；行以冬；霤以季夏。迨李林甫修《月令》，始复井黜行。"见[汉]宋衷注，[清]秦嘉谟等辑，《世本八种·张澍萃集补注本》，上海：商务印书馆，1957年，第25~26页。秦嘉谟辑补本则说："汤五祀：户井灶中霤行，至周而七，曰：门行厉户灶司命中霤。"同上书，第362页。
④ [罗]米尔恰·伊利亚德，《神圣与世俗》，王建光译，北京：华夏出版社，2002年，第98页。

为亡殷复也。鼎乃沦伏而不见。"覆盖亳社的顶部就会断绝天人的交通。

正如中国古代建筑以宇宙为其原型,类似"社"的柱子在宇宙中也有相应的原型,即通天柱。

通天柱也叫擎天柱,是位于宇宙中心的中心柱,它往往由一座重要的山来充当,在中国,这座山是昆仑山。"地部之位起形高大者有昆仑山。广万里,高万一千里。神物之所生,圣人仙人之所集也。出五色云气,五色流水。其泉南流入中国也,名曰河。其山中应于天,最居中。"所谓"中应于天"就是说昆仑山作为天地的通道居大地中心①。

通天柱还有一种形式,即一根位于天地中心的神木,叫做"建木"。

在美国西雅图美术馆藏东汉至三国三段式神仙镜,以及故宫博物院藏三段式神仙镜的下段中部都有同样的巨木,即"建木"。建木也叫"扶木",这种天地之间的神木还有若木、空桑、蟠木、若华、扶桑等名称②。建木在天地中央,天神从此上下往来,与人间相交通。

之所以用建木作为天人之间的中介,不但因为它处于天地的中心,而且还因为它是象征生命的神木,由于生长于天地之间,支撑着天穹,其生命一定同宇宙一样是不朽的。不但建木是

图 4-8 美国西雅图美术馆藏东汉至三国三段式神仙镜

图片来源:[美]巫鸿,《汉代道教美术试探》,《礼仪中的美术:巫鸿中国古代美术史文编》,郑岩等译,北京:三联书店,2005年,第477页

---

① [晋]张华《博物志》,《文渊阁四库全书电子版》,上海:上海人民出版社、迪志文化出版有限公司,1999年。
② 如:《山海经·大荒东经》:"大荒之中,有山名曰孽摇頵(yūn)羝,上有扶木,柱三百里,其叶如芥。"《淮南子·墬形训》:"建木在都广,众帝所自上下,日中无景,呼而无响,盖天地之中也。若木在建木西,末有十日,其华照下地。"《吕氏春秋·有始览第一》也说:"白民之南,建木之下,日中无影,呼而无响,盖天地之中也。"高诱注释道:"建木在都广南方,众帝所自上下。"

155

一棵巨树,连宗庙中"以石为之"的"社"的前身也是树木①。

汉语中,生命和植物的关系可以从"生"字看出。汉语的"生"字源于植物的生长②,而且,"生"的甲骨文字形也是地面上长出的一株树木。

《周礼·大祝》说:"建邦国,先告后土。"社神即后土,在"告后土"仪式上,要先种植象征生命的社树,即"丛位",《墨子·明鬼》就说过:"建国营都,必择木之修茂者,立以为丛位。"其目的当然是希望社稷像生命之树那样"通天地阴阳之气",生机勃勃,千秋万代。

这种对生命的崇拜和对永生的祈求,恰恰是来自人们对有限的生命时间的领会。换句话说,如果属于每个人的生命时间是没有尽头的,就不会有这种执着的祈求了,生命和时间也就不会具有值得珍重的价值和无穷的意义了。

2. 风与生命之门

古代城邑大门的命名方式有很多种,尽管历代多有变化,但是,这些方法都和当时的时间和空间观念有密切的关系。

其中,有一种方式直接把门与表示时间的十二个月联系在一起,即城邑大门的方位被配以十二地支,直接和时间相关。

顾炎武在《历代宅京记》详细记载的汉代雒阳城就严格遵循城门和十二个月的对应关系,非常具有

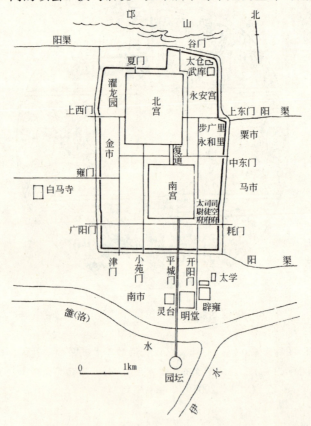

图4-9 东汉雒阳城

图片来源:贺业钜,《中国古代城市规划史》,北京:中国建筑工业出版社,1996年,第436页

---

① 《说文》说:"社,地主也。从示土。《春秋传》曰:'共工之子句龙为社神。'《周礼》:'二十五家为社,各树其土所宜之木。'"
② 《说文》解释"生"字为:"进也。象草木生出土上。"

典型性:"《百官志》曰:雒阳城十二门,其正南一门曰平城门,(《汉官秩》曰:平城门为宫门,不置候,置屯司马,秩千石。李尤铭曰:平城司午,厥位处中。《古今注》曰:建武十四年九月,开平城门。)北宫门属卫尉。其余上西门,(应劭《汉官仪》曰:上西所以不纯白者,汉家初成,故丹镂之。李尤铭曰:上西在季,位月维戌。)雍门,(《铭》曰:雍门处中,位月在酉。)广阳门,(《铭》曰:广阳位孟,厥月在申。)津门,(《铭》曰:津名自定,位季月未。)小苑门,开阳门,(应劭《汉官仪》曰:开阳门始成未有名,宿昔有一柱来在楼上,琅邪开阳县上言,县南城门一柱飞去。光武皇帝使来识视怅然,遂坚缚之刻记其年月,因以名焉。《铭》曰:开阳在孟,位月惟巳。)耗门,(《铭》曰:耗门值季月位在辰。)中东门,(《铭》曰:中东处仲,月位在卯。)上东门,(《铭》曰:上东少阳,厥位在寅。)榖门,(《铭》曰:榖门北中,位当于子。)夏门,(《铭》曰:夏门值孟,位月在亥。)凡十二门。"①

《历代宅京记》中,相似的例子还有,在后周"五年夏五月,赐东京

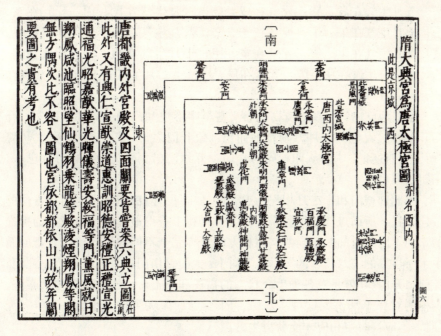

图 4-10 隋大兴宫为唐太极宫图
图片来源:[宋]程大昌,《雍录》,黄永年点校,北京:中华书局,2002年,图6

---

① [清]顾炎武,《历代宅京记》,北京:中华书局,1984年,第119~120页。着重号为本书作者所加。

新城诸门名：在寅曰寅宾门，在辰曰延春门，在巳曰朱明门，在午曰景风门，在未曰畏景门，在申曰迎秋门，在戌曰肃政门，在亥曰玄德门，在子曰长景门，在丑曰爱景门。"①

十二月和十二地支相配，古称"十二月建"，即：正月建寅，二月建卯，三月建辰，四月建巳，五月建午，六月建未，七月建申，八月建酉，九月建戌，十月建亥，十一月建子，十二月建丑。雒阳城城门以及东京新城诸门都和十二月的月位，即每个月所属的方位——对应，并且每个月位是用十二地支来标记的，城门的命名就是这种标记的方式。

古人的时间是有生命意义的，不是抽象的计量时间，十二个月分别被赋予了死生之位，按照《宅经》的说法："每年有十二月，每月有生气、死气之位。但修月生气之位者，福来集。月生气与天道、月德合其吉路。犯月死气之位，为有凶灾。

正月生气在子、癸，死气在午、丁；二月生气在丑、艮，死气在未、坤；三月生气在寅、甲，死气在申、庚；四月生气在卯、乙，死气在酉、辛；五月生气在辰、巽，死气在戌、乾；六月生气在巳、丙，死气在亥、壬；七月生气在午、丁，死气在子、癸；八月生气在未、坤，死气在丑、艮；九月生气在申、庚，死气在寅、甲；十月生气在酉、辛，死气在卯、乙；十一月生气在戌、乾，死气在辰、巽；十二月生气在亥、壬，死气在巳、丙。"②

十二地支中，有些"支"的字义甚至字形也和门相关。如《说文》释"卯"字："冒也。二月万物冒地而出，象开门之形，故二月为天门。"释"酉"字时还说："酉从卯，卯为春门，万物已出。酉为秋门，万物已入，一闭门象也。"

因此，城门和十二月相配的观念就是在每个门都能体现时间和方位的最佳配置，所谓最佳的配置，是以能否有利于获得最佳的生命状态为标准的，在不同的时间，相同的空间和方向具有完全不同的生命价值，奇门遁甲术所讲究的"八门吉凶"，即"休门、生门、伤门、杜门、景门、死门、惊门、开门"，就是对各种生命状态的描述和归类，除了建筑，排兵布阵、围棋的对弈等都讲究这种"八门吉凶"。"时"无"空"不验，"空"无"时"不应，时空相应才能获得生机。

历代也有用四时命名城门，或在城门的名字中暗示四时和四方的，如后晋时，"改皇城四门名，南曰乾明，北曰玄德，东曰万春，西曰千秋。"③

---

① 同上书，第225页。着重号为本书作者所加。
② 《宅经·卷上·凡修宅次第法》。
③ [清] 顾炎武，《历代宅京记》，北京：中华书局，1984年，第161页。这种命名方式与图4-25故宫千秋亭和万春亭如出一辙。

宋代"元嘉二十年春正月,于台城东西开万春、千秋二门。""次南曰青阳门。汉曰望京门。魏、晋曰清明门,高祖改为青阳门。……次北曰闾阖门。""二十五年夏四月乙巳,新作闾阖、广莫二门,改先广莫门曰承明,开阳门曰津阳。"① 等等。

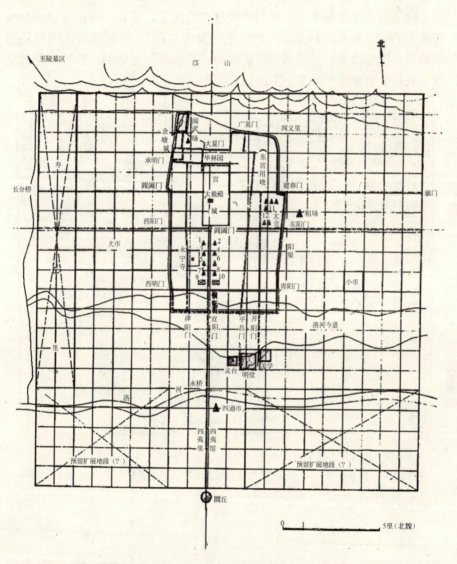

图 4-11 北魏洛都城市规划图
图片来源:贺业钜,《中国古代城市规划史》,北京:中国建筑工业出版社,1996年,第473页

---

① 同上书,第195页。

上面是非常典型的例子，城门的名字已经透露出时间方位的消息。当然，还有更多不完全遵守这种制度的情况，城门命名也未必一定要指示出四时或四方，但是，它们往往是在这种制度下的变通，其实质和这种富于生命精神的时空统一观念是一致的①。

除了用十二月与十二个城门直接对应的做法，还有一种把天穹的结构与地上的城邑相比附的方式，即所谓"象天立宫"，明清故宫之所以还叫紫禁城，就是因为它是按照天帝居住的"紫微宫"建造的。这种"象天立宫"的做法由来很久，史书上的记载很多：

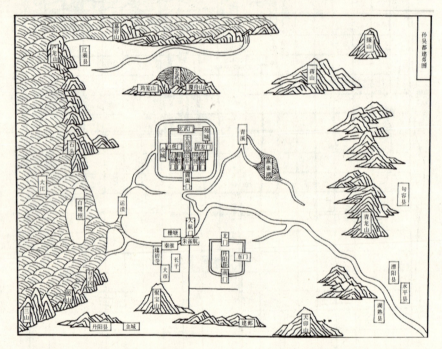

图 4-12 孙吴国都建邺城概貌图
图片来源：贺业钜，《中国古代城市规划史》，北京：中国建筑工业出版社，1996年，第445页

---

① 惊人相似的是，在《圣经·启示录》中对圣城耶路撒冷的描写中也提到十二个门，不过，从中看不出门和时间有什么关系："我被（圣）灵感动，天使就带我到一座高大的山，将那由神那里从天而降的圣城耶路撒冷指示我。城中有神的荣耀。城的光辉如同极贵的宝石，好像碧玉，明如水晶。有高大的墙。有十二个门，门上有十二位天使。门上又写著以色列十二个支派的名字。东边有三门。北边有三门。南边有三门。西边有三门。城墙有十二根基，根基上有羔羊十二使徒的名字。对我说话的拿著金苇子当尺，要量那城，和城门城墙。城的四方的，长宽一样。天使用苇子量那城，共有四千里。长宽高都是一样。又量了城墙，按人的尺寸，就是天使的尺寸，共有一百四十四肘。"

据《吴越春秋·阖闾内传第四》记载,"子胥乃使相土尝水,象天法地,造筑大城。周回四十七里,陆门八,以象天八风,水门八,以法地八聪。筑小城,周十里,陵门三,不开东面者,欲以绝越明也。立阊门者,以象天门通阊阖风也。立蛇门者,以象地户也。阖闾欲西破楚,楚在西北,故立阊门以通天气,因复名之破楚门。欲东并大越,越在东南,故立蛇门以制敌国。吴在辰,其位龙也,故小城南门上反羽为两鲵鱙(miáo)以象龙角。越在巳地,其位蛇也,故南大门上有木蛇,北向首内,示越属于吴也。"

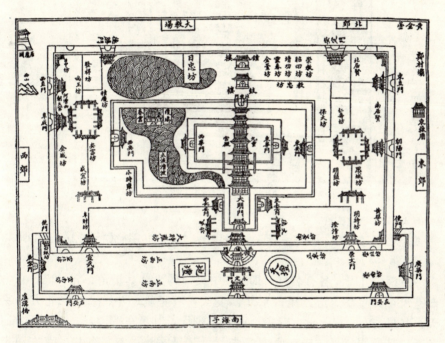

图 4-13　明北京城坊图中的九重宫殿
图片来源:贺业钜,《中国古代城市规划史》,北京:中国建筑工业出版社,1996年,第641页

《吴越春秋·勾践归国外传第八》还有:"于是范蠡乃观天文,拟法于紫宫,筑作小城,周千一百二十二步,一圆三方。西北立龙飞翼之楼,以象天门,东南伏漏石窦,以象地户;陵门四达,以象八风。"

古代传说中,在垂直方向上,天有九重,当然,这只是从地面仰望天穹的视角来说的,按照浑天说的理解,"九天"是立体的,其结构与托勒密的"地心说"是一致的。

"九天"一词源自《孙子兵法·形篇》:"善攻者动之于九天之上。"《艺文类聚·卷一·天部上》说:"太玄曰:有九天,一为中天,二为羡天,三为从天,四为更天,五为睟(zuì)天,六为廓天,七为咸天,八为沈天，九为成天。"九天，即"成天"，是天的最高层①。

在水平方向上，天分为"九野"，《吕氏春秋》说："天有九野，地有九州，土有九山，山有九塞，泽有九薮，风有八等，水有六川。"

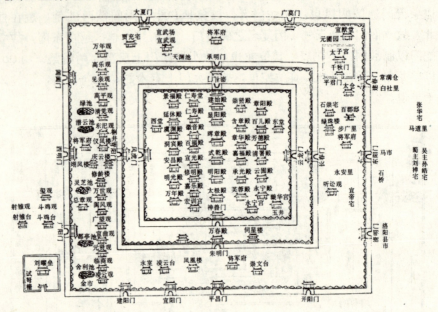

图4-14 晋洛阳城
图片来源：贺业钜，《中国古代城市规划史》，北京：中国建筑工业出版社，1996年，第453页

所谓"九野"各有名称，即："中央曰钧天，其星角、亢、氐；东方曰苍天，其星房、心、尾；东北曰变天，其星箕、斗、牵牛；北方曰玄天，其星婺女、虚、危、营室；西北曰幽天，其星东壁、奎、娄；西方曰颢天，其星胃、昴、毕；西南曰朱天，其星觜巂、参、东井；南方曰炎天，其星舆鬼、柳、七星；东南曰阳天，其星张、翼、轸。"

对应地，地上也分为"九州"，即"河、汉之间为豫州，周也；两河之间为冀州，晋也；河、济之闲为兖州，卫也；东方为青州，齐也；泗上为徐州，鲁也；东南为扬州，越也；南方为荆州，楚也；西方为雍州，秦也；北方为幽州，燕也。"②

---

① "九天"的观念在伊斯兰教义中也存在。如清初伊斯兰哲学家刘智（约1660～约1730）在《天方性理图传》中说："天分九重，而其所以分，则无形者也。"见沙宗平，《中国的天方学》，北京：北京大学出版社，2004年，第129页。
② 《吕氏春秋·有始览》。《尚书·夏书·禹贡第一》说："禹别九州。"后来，邹衍创立了"大九州"说。按照《史记·孟子荀卿列传》的记载，邹衍"以为儒者所谓中国者，於天下乃八十一分居其一耳。中国名曰赤县神州。赤县神州内自有九州，禹之序九州是也，不得为州数。中国外如赤县神州者九，乃所谓九州也。"

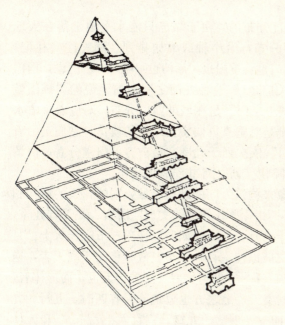

图 4-15 紫禁城水平向"天子九门"对垂直方向宇宙结构的模仿
图片来源:王建国,《现代城市设计理论和方法》,南京:东南大学出版社,1991 年,第 12 页

丁山先生认为,以九宫划分天下的观念产生于战国,其创始人是邹衍:"余故谓以方位别九州,说始邹衍,传于《淮南》。""故吾人据《淮南》九州,附以终始五德之说,不难窥见邹子九州名义之一部:

东南曰赤县神州,
西南曰白县戎州,
正中曰黄县冀州,
西北曰玄县台州,
东北曰青县薄州。"①

和九重天相对应,每一重天都有一个门。王逸《楚辞章句·招魂》解释《楚辞·招魂》的"虎豹九关"时说:"天门凡有九重。"在地面上,不但天下要像"九野"一样分为"九州",而且,在王城也要像天一样开九个门,正如《楚辞·九辩》所说:"岂不郁陶而思君兮,君之门以九重",由此可知,战国时期已经有"君门九重"的做法②。

天的九重是上下

图 4-16 晋灵公九层之台设想透视图
图片来源:杨鸿勋,《宫殿考古通论》,北京:紫禁城出版社,2001 年,第 144 页

---

① 丁山,《古代神话与民族》,北京:商务印书馆,2005 年,第 475~476 页。
② 王城门制历代不一。如周代天子三门:皋门、应门、路门。另有"五门"的王城制度。《水经注·卷十六·谷水》:"案礼:王有五门,谓皋门、库门、雉门、应门、路门。路门一曰毕门,亦曰虎门也。魏明帝上法太极于洛阳南宫,起太极殿于汉崇德殿之故处,改雉门为阊阖门。"

163

分层，九重天门自然也是垂直分布的，由于城邑只能水平地坐落在大地上，人间的门则只能是水平分布，沿中轴线纵向排列。郑玄注《礼记》说："天子九门：路门也，应门也，雉门也，库门也，臯（xì）门也，国门也，近郊门也，远郊门也，关门也。"这种九门之制和前面说的"雒阳城十二门"并不矛盾，"雒阳城十二门"是在城邑四周分布，对应着宇宙水平的方位，而"天子九门"则是对垂直方向宇宙结构的模仿，它们是沿着城邑的中轴线排列的，"九门"依次列于九座宫殿前方，门堂分立，所谓"有堂必需另立一门"①，两种制度都是对宇宙结构的模仿。

古人用对上天结构的想象来构筑人间的理想王城，同时，天的结构和属性还被用于和人体相比附，如《淮南子·天文训》所言："天有九重，人亦有九窍；天有四时以制十二月，人亦有四肢以使十二节；天有十二月以制三百六十日，人亦有十二肢以使三百六十节。故举事而不顺天者，逆其生者也。"《淮南子·精神训》称："夫精神者，所受于天也；而形体者，所禀于地也"，"故头之圆也象天，足之方也象地。天有四时、五行、九解、三百六十六日，人亦有四支、五藏、九窍、三百六十六节。"和人体一样，古代城邑同时空一体的宇宙都是同构的，城邑的建制也要"顺天"，是天人合一的具体体现，凡"逆其生者"当然不会得到"生气"。

何新先生制作的表格列出了八方对应的主山、天门以及四方对应的神，该表显示出各种命名天门的方式。在这个表格中，可以看到四方和四季的关系，每个方位的天门之命名是对四时变化的反映。此表格中的天门名称历代有很多变化，表格中没有全部收入，这些天门的命名方式有依据寒暑变化的，如寒门；有依据季候景象的，如开明；有依据四时配伍颜色的，如苍门；有依据四方神名及诸神所主事项的，如阊阖门。总之，在这个动态的、在四时转换中变化着的系统中，充满着有机的联系，其中的每一个因素都在建筑与城市的方位、结构、命名方式以及其中渗透的时空意识中得到反映。

八方对应的主山、天门以及四方对应的神　　　　表 4-1

方向	四座主山	甲骨文所记四方神名	四座副山	方向
东方	东极山——开明门	析	方士山——苍门	东北
南方	南极山——暑门	炎（因）	波母山——阳门	东南
西方	西极山——阊阖门	夷	编勺山——白门	西南
北方	北极山——寒门	伏	不周山——幽都门	西北

表格来源：何新，《艺术现象的符号－文化学阐释》，北京：人民文学出版社，1987年，第283页

---

① 见李允鉌，《华夏意匠》，香港：香港广角镜出版社，1982年，第64页。

图 4-17 天、地、人、鬼式盘
图片来源：ww5.enjoy.ne.jp/～hajime.hunt/fuusui.htm. 2006.3.24

　　式盘上和风水理论中还有"天、地、人、鬼"四门的说法，这同上述的"九门"、"十二门"也不矛盾。
　　古人把四隅当作四个重要的通道，每条通道都有门，分别是"天、地、人、鬼"四门，即：天门——乾——西北方；地户——巽——东南方；人门——坤——西南方；鬼门——艮——东北方①。上海博物馆藏六壬盘以及中国国家博物馆藏一式盘上都明确标示出这四门，这符合北宋杨维德《景佑六壬神定经》关于式盘制作的说法："造式：天中作

---

① 《太平经》解释了"天门"、"地户"分别与西北、东南方对应的原理："然，门户者，乃天地气所以初生，凡物所出入也。是故，东南，极阳也，极阳而生阴，故东南为地户也；西北者，极阴，阴极生阳，故为天门。"见，王明编，《太平经合校》卷六十五，北京：中华书局，1960年，第227页。

斗杓,指天罡;次列十二辰;中列二十八宿,四维局;地列十二辰,八干,五行,三十六禽;天门、地户、人门、鬼路四隅迄。"① 之所以说这种观念与"九门"、"十二门"不矛盾,是因为它是在更宏大的视野中把"天、地、人、鬼"四个世界整合到了一个更大的系统,这个系统是个有机的、互相关联的体系,人只是这个体系中一个不可或缺的组成部分。"天、地、人、鬼"四个世界的体系在道教中构成了天道、地道、人道和鬼道四个道教教义的结构要素。《老子》所说的"四大",即"道大,天大,地大,王大。域中有四大,而王处一。人法地,地法天,天法道,道法自然",虽然在具体表述上和天道、地道、人道和鬼道有些不尽一致,但是,其思路则是一脉相承的,道教的说法是老子学说的宗教化。

除了上述的几种情况外,古代许多城池的大门还常常采用八风的名字来命名,以对应其方位和所属的时间。比如,汉武帝的建章宫,"宫之正门曰闾阖。"② 曹魏时的"赵王伦篡位三日,会闾阖三门,北有大夏、广莫二门。"③ 另有"阳渠水南暨闾阖门,汉之上西门者也。"④ 其中的"闾阖"、"广莫"等名称经常用于命名不同季候的风,在这里被用于城门的名字。

其实,用风名表示方位是早在商代就开始采用的方法,这种方法甚至早于用东南西北表示方位的做法。

在商代,尽管已经有了明确的四方观念,但是,这种观念却是借用四种风名来表示的。风和四时、四方的密切关系已经有很多人进行了研究。许多学者,如陈梦家和商承祚等人都据殷墟卜辞认为殷人只有春秋二季而无四时。后来,胡厚宣先生证明了商人知道"四时"。他首先发现了四方风的重要意义,提出四方风与商人季节观有关⑤。风和四个方位对应,各有其名,最早见于甲骨文《京津》520,李学勤先生释为:"东方曰析风曰

---

① [北宋]杨维德,《景佑六壬神定经》卷二,第26~27页。《丛书集成》初编本。北京:商务印书馆,1939年。
② 顾炎武注曰"以象天门",见[清]顾炎武,《历代宅京记》,北京:中华书局,1984年,第64页。
③ 同上书,第122页。
④ 同上书,第133页。
⑤ 胡厚宣,《释殷代求年于四方和四方风的祭祀》,上海:《复旦学报》(人文科学版),1956年第1期。李学勤先生在《商代的四风与四时》中也指出:"实际上,四方风刻辞的存在,正是商代有四时的最好证据。"见《中州学刊》1985年第5期,第99~101页。连劭名甚至找到了商人也有冬夏观念的物证——卜辞中也有"冬"、"夏"二字。见连劭名《商代的四方风名与八卦》,《文物》,1988年第11期,第40~44页。

协，南方曰因风曰凯，西方曰彝风曰韦，北方曰伏风曰役。"①

《山海经》的记载与此类似：

《山海经·大荒东经》："大荒之中，有山名曰鞠陵于天、东极、离瞀（mào），日月所出。名曰折丹，东方曰折，来风曰俊，处东极以出入风。"

《山海经·大荒南经》："有神名曰因，因乎南方曰因，乎夸风曰乎民，处南极以出入风。"

《山海经·大荒西经》："有人名曰石夷，来风曰韦，处西北隅以司日月之长短。"

《山海经·大荒东经》："有女和月母之国，有人名曰鹓（yuān），北方曰鹓，来之风曰掞（shàn），是处东极隅以止日月，使无相间出没，司其短长。"②

由于中国属季风性气候，不同季节风向不同，古人就很自然地把风与方向和季节都联系起来，即一年四季春夏秋冬很有规律的"八方风"。

"八风"最早见于《左传》，如：《左传·隐公五年》："夫舞所以节八音而行八风，故自八以下。"《左传·襄公二十九年》："五声和，八风平，节有度，守有序，盛德之所同也。"《左传·昭公二十年》："声亦如味，一气，二体，三类，四物，五声，六律，七音，八风，九歌，以相成也。""八风说"是在"四风"的基础上进一步细分演化的结果，它表明古代历法的进一步发展。在每个季节三个月时间里的风向，可以划分为两大阶段："立春"到"春分"，多东风；"春分"到"立夏"，多东南风。"立夏"到"夏至"，多南风；"夏至"到"立秋"，多西南风。"立秋"到"秋分"，多西风；"秋分"到"立冬"，多西北风。"立冬"到"冬至"，多北风；"冬至"到"立春"，多东北风。是为八风。

八风和八个方位一一对应，各有其名称。关于这些名称，有多种说法。

按照东汉许慎《说文》的解释："风，八风也。东方曰明庶风；东南曰清明风；南方曰景风；西南曰凉风；西方曰阊阖风；西北曰不周风；北方曰广莫风；东北曰融风。风动虫生，故虫八日而化。从虫，凡声。凡风之属皆从风。"

《淮南子·墬形训》中说："何谓八风？东北曰炎风，东方曰条风，东

---

① 李学勤，《商代的四风与四时》，《中州学刊》，1985年第5期，第99页。四方风名考证还可见胡厚宣，《甲骨文四方风名考证》，《责善半月刊》，第二卷，第十九期，成都：齐鲁大学国学研究所，1944年。另，张骏伟认为，古代东方神树——析木所在地在辽东半岛沿海城市析木城。见张骏伟，《黄帝陵、帝颛顼陵、天书、河图在辽东半岛》，《理论界》，2005年3月，第212页。

② 此段句读方法不一，如南方神名有书读为"有神名曰因因乎"等，此处采李学勤先生《商代的四风与四时》中的意见。

南曰景风，南方曰巨风，西南曰凉风，西方曰飂（liù）风，西北曰丽风，北方曰寒风。"

《淮南子·有始览》还有："何谓八风？东北曰炎风，东方曰滔风，东南曰熏风，南方曰巨风，西南曰凄风，西方曰飂风，西北曰厉风，北方曰寒风。"

《黄帝内经·灵枢经·九宫八风》则说："风从南方来，名曰大弱风……风从西南方来，名曰谋风……风从西方来，名曰刚风……风从西北方来，名曰折风……风从北方来，名曰大刚风……风从东北方来，名曰凶风……风从东方来，名曰婴儿风……风从东南方来，名曰弱风。"

《管子·四时》："东方曰星，其时曰春，其气曰风，……南方曰日，其时曰夏，其气曰阳，……中央曰土，土德实辅四时入出，以风雨节土益力，土生皮肌肤，其德和平用均，中正无私。实辅四时，春嬴育，夏养长，秋聚收，冬闭藏。……西方曰辰，其时曰秋，其气曰阴，……北方曰月，其时曰冬，其气曰寒，……"

四方、四季、四方风是通过神祇体系统一到一起，四方神与四季神异名而同体，一一对应，四方风神则是他们的配神，共同掌管各自的方位和季节。风神很可能是从四方观念推演出四时观念的中介，四时是从一年中风向变化及其带来的季候变化中抽象出来的，究其根源，则是中国的季风性气候。

《广雅·释言》说："风，气也。"气就是风，所以，"四风"和"四气"是同一的。"气"在中国古代是具有生命意义的，《淮南子·原道训》说："夫形者，生之舍也；气者，生之充也；神者，生之制也。"不但生物有生命，充满生气，天地自然也是生命的载体。

《鹖冠子·天则第四》："领气，时也。生杀，法也。"宋代陆佃解释为："四时各领一方之气。"① 天时是生命化生的过程，在天时运行的过程中，才孕育出生命。天地之气的运行是四时产生的原因，四时是天地之气分化出来的，并由四时分别引领。正如《黄帝内经·素问·宝命全形论篇第二十五》所说："帝曰：人生有形，不离阴阳，天地合气，别为九野，分为四时。"董仲舒在《春秋繁露·卷十三·五行相生》中也说："天地之气，合而为一，分为阴阳，判为四时，列为五行。行者，行也。其行不同，故谓之五行。"② "气"和"时"是统一的，由"气"产生"时"③。可见，四风不是单纯的自然现象，它是时间和空间转换的中介，更是运行于

---

① 《文渊阁四库全书电子版》，上海：上海人民出版社、迪志文化出版有限公司，1999年第1版。
② 同上书。
③ 伊斯兰教的观念与此类似。如，刘智说："未有四气之先，空中无四时也。四时，即四气轮转流行而成者也。"见沙宗平，《中国的天方学》，北京：北京大学出版社，2004年，第139页。

时间和空间中的生命主体。

《史记·律书第三》详细解释了风和四方、生命的关系:"不周风居西北,主杀生。""广莫风居北方。广莫者,言阳气在下,阴莫阳广大也,故曰广莫。""条风居东北,主出万物。条之言条治万物而出之,故曰条风。""明庶风居东方。明庶者,明众物尽出也。""清明风居东南维,主风吹万物而西之。""景风居南方。景者,言阳气道竟,故曰景风。""凉风居西南维,主地。""阊阖风居西方。阊者,倡也;阖者,藏也。"①

风水术讲究藏风、得水、聚气,"气乘风则散,界水则止","古人聚之使不散,行之使有止"②。对风的控制和引导目的是获得"生气"。藏风之术是因中国的季风性气候而产生的,风向和季节相关,并且,八风被赋予了生杀等含义,在建造房屋时自然要趋利避害,规避主刑杀的寒冷北风,迎取主生气的和煦南风。

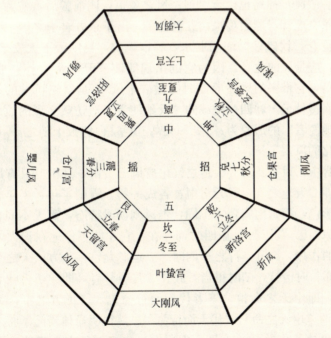

图 4-18 九宫八风图
图片来源:张其成,《易图探秘》,北京:中国书店,1999年,第121页

---

① 何新解释为:"'不'古与'丕'通用,训作大。'周'与'凋'通用。所以不周风实即大凋杀万物之风。"详见何新,《艺术现象的符号——文化学阐释》,北京:人民文学出版社,1987年,第271页。
② 《葬书·内篇》。

城门的名字和八风的对应一方面说明了门与时间方位的对应关系，另一方面也说明，城门作为内外交通的必经之路，充当着八风的通道①。从实用功能角度说，出入城门的是人；从宗教信仰上说，出入城门的还有风以及八风所代表的神灵，天人交通是通过城门实现的；从风水角度说，出入这些通道的是生气——建筑像人一样，是有生命的。

在天人沟通的过程中，风的作用是不可替代的。按照古人的观念，四方不仅各有其使者，而且还各有其风，风是来往于天地间天人交通的工具。正是以风为媒介，四方和四时产生了关联，古人以四时和四方相配的观念并非牵强的附会，它是根据对大自然季候变化的观察而发现的自然界固有联系，并且，借助风这种真实存在的自然现象得到了表达，风因为其运动的特征而被赋予能动性，它被认为是有生命的存在，并且进而被以神的形象加以描述，这种神是天帝的使者，名字叫凤。

按照卜辞的说法："帝使凤"，商代甲骨文中"风"和"凤"字通假，《说文》说："凤，神鸟也。天老曰：凤之象也，鸿前麟后，蛇颈鱼尾，鹳颡鸳思，龙文虎背，燕颔鸡喙，五色备举。出于东方君子之国，翱翔四海之外，过昆仑，饮砥柱，濯羽弱水，暮宿风穴，见则天下大安宁。"凤从风穴出入，应是风的化身。因为它的出现能使"天下大安宁"，所以被认为是吉祥鸟，它带来的风在殷商时叫做"宁风"，是祭祀祈求的对象。晋代干宝的《搜神记·卷四》记载的"天地使者"造访戴文谋的故事中，也描述"天地使者"的形象为："见一大鸟五色，白鸠数十随之。"可见，凤就是神格化的风。

在八卦中，风是巽卦。天地之气化成风云雷雨，其中，只有风一年四季都有，即"天地之气，风云雷雨，各成一物，雷则半年，半年收云，则四时变其形色，雨则雨露霜雪不同，惟风则四时皆有，而无不同也，随时为寒热温凉而已。"因为风在四时都存在，它才能不停地在天人之间起到上传下达的作用，"风，行之于四时、五运、九宫、八方，天之令也。王者之令，亦与时偕行，随时得当，载在《月令》者，即颁于告朔者也。申王者之命，即申天之命也。王者代天而行命也，行王者之事，无非民事也。"② 所谓"申天之命"、"代天而行命"虽然很明显地暴露了将君王的统治合法化和神圣化的政治企图，但是，这也表明，古人坚信，风是传达"天之令"的使者，它运行于"四时、五运、九宫、八方"。自然，风也通过门出入于建筑，为建筑注入了生命。

---

① 除了建筑，在其他领域也有"通八风"的说法，如《淮南子·泰族训》提到音乐和"八风"的关系："夔之初作乐也，皆合六律而调五音，以通八风。"
② ［清］魏荔彤撰，《大易通解·卷十一·巽卦》，《文渊阁四库全书电子版》，上海：上海人民出版社、迪志文化出版有限公司，1999年。

建筑的窗子一般不起名字，但是，像明堂这样的重要建筑的开窗也是有特定意义的。《白虎通》说："明堂上圆下方，八窗四闼。布政之宫，在国之阳。上圆法天，下方法地，八窗象八风，四闼法四时，九室法九州，十二坐法十二月，三十六户法三十六雨，七十二牖法七十二风。"可见，窗子也是风出入的通道。不但"八窗象八风"，通过八风和时令相联系，而且，"四闼"、"十二坐"也直接和四时、十二月相比附，整个建筑的各个部分都被纳入统一的宇宙时空体系。

可见，借助出入于门窗的风，建筑成了人神交通的场所和媒介，人造的宇宙和大宇宙成为一个整体，通过这些通道，人造的宇宙被注入了生命。建筑之门是生命之门。

3. 与时偕行的"太一"

前文提到过由游牧生活方式演化来的"轮居制"，按照《周易》的说法，这种制度是要"与天地合其德，与日月合其明，与四时合其序，与鬼神合其吉凶。"① 那么，君王在明堂中的轮居是否有一个效法的原型呢？这个问题可以从"太一游宫"的观念中寻找答案。

"太一"，亦称"太乙"、"泰一"、"太极"、"太易"、"中黄太一"等。"太一"作为人名，最早见于殷商卜辞；作为星名，最早见于战国时代魏人石申（约在公元前4世纪）的《石氏星经》；作为神名，最早见于《楚辞·九歌》；作为哲学术语，最早见于《老子》②。

明代戴震的《屈原赋注》认为，"古未有祀太一者，以太一为神名殆起于周末。"春秋战国时，吴、越、楚等地已经把太一作为至尊神。《史记·封禅书》载："十一月辛巳朔旦冬至，昧爽，天子始郊拜泰一。"《汉书·郊祀志》说："神君最贵者曰太一。"太一在国家祭祀中的至尊地位是汉武帝时确立的。

"太一"的身份历来聚讼纷纭，至今未能真正确定，综观历来各种见解，"太一"所指大致有两类，一类是指某种神祇，另一类是指一种哲学观念，即宇宙的本原。

关于"太一"是神祇有如下说法：

有认为太一是东方之神的，如《楚辞·九歌·东皇太一》是屈子的名篇，许多学者据此认为太一是东方神。另如，唐五臣注《文选》："太一，星名，天之尊神，祠在楚东，以配东帝，故云东皇。"今人叶舒宪也说："这样看来，无限神秘的太一神只不过是原始太阳神的抽象化、观念化"③。

---

① 《周易·乾·文言》。
② 王昆吾，《中国早期艺术与宗教》，上海：东方出版中心，1998年，第437页。
③ 叶舒宪，《中国神话哲学》，北京：中国社会科学出版社，1992年，第11页。

图 4-19 《九歌图·东皇太一》
图片来源：《国学备览》光盘版，北京：商务印书馆国际有限公司，2002 年

有认为是春神的①。

有认为是天帝的②。

有认为是玉皇的，如姜亮夫（1902～1995）③。

有认为是太阳神的，如何新④、萧兵⑤等。

有认为是月神的，如杜而未的《中国古代宗教系统》⑥。

有认为是星神的，如王逸认为："太一，星名。天之尊神，祠在楚东，以配东帝。故云东皇。"⑦

有认为是大火星的⑧。

有认为是北极星的，如《史记·天官书》说："中宫天极星，其一明者，太一常居。"中宫、紫微垣、北辰、天极星都是北极星的别称。

有认为是伏羲的，如《五行大义·论诸神第二十》："天皇太帝曜魄宝，地皇为天一，人皇为太一。"人皇即伏羲。近人持此说的以闻一多（1899～1946）为代表⑨。

有认为是颛顼的⑩。

有认为是神农氏炎帝的⑪。

有认为是女娲的，如曹胜高的《"太一"考》⑫。

有认为是战神的，如洪兴祖（1070～1135）的《楚辞补注》、朱熹

---

① 《尚书·纬》："春为东皇，又为青帝。"
② 《史记正义》："泰一，天帝之别名也。"
③ 姜亮夫，《屈原赋校注》，北京：人民文学出版社，1957 年，第 204 页。
④ 何新，《诸神的起源》，北京：时事出版社，2002 年，第 276 页。
⑤ 萧兵，《东皇太一和太阳神》，《杭州大学学报》，1979 年，第 25～35 页。
⑥ 杜而未，《中国古代宗教系统》，台北：台湾学生书局，1983 年第 3 版，第 83～97 页。
⑦ 《楚辞章句·东皇太一》。
⑧ 李炳海，《东皇太一为大火星考》，《江汉论坛》，1993 年，第 79 页。
⑨ 闻一多，《东皇太一考》，《文学遗产》，1980 年第 1 期，第 3～6 页。
⑩ 韩晖，《东皇太一与颛顼关系臆考》，《柳州师专学报》，1997 年 3 月，第 36～38 页。
⑪ 屈会，《〈东皇太一〉与神农氏炎帝》，《第一师范学报》，1999 年第 1 期，第 57～61 页。
⑫ 曹胜高，《"太一"考》，《洛阳大学学报》，2002 年 9 月，第 26～29 页。

（1130～1200）的《楚辞集注》、何焯（1661～1772）的《义门读书记》与马其昶（1855～1930）的《屈赋微》。

有人以为是楚国保护神，即楚国的上帝的①。

有以为是祖先神和自然神双重神格的②。

有认为是"道神"的，如连邵名先生认为，《周易·泰卦》"六五，帝乙归妹，以祉元吉"中的"帝乙"就是"太一"，"太一"是道神，《韩非子·杨权》云："道无双，故曰一。"③

各种说法不一而足。

关于"太一"是宇宙的本原，则有如下说法：

有认为"太一"是"气"或"元气"的④。

有人认为"太一"是浑沌，如《淮南子·诠言训》："洞同天地，浑沌为朴，未造而成物，谓之太一。"《前汉书》中有云："太一者，天地未分元气也"。《庄子》也有"建之以常无有，主之以太一"的说法。"太一"与周敦颐所说的"太极"同义，"太一"混沌无形，"混沌"为宇宙起源。

有人认为"太一"是水⑤，水生万物。

"太一"作为宇宙的本源，不是物质性的实体，也没有感性形象，人的感官和认识都很难把握。"道也者，至精也，不可为形，不可为名，强为之，谓之太一。"⑥ 在哲学领域，"太一"就是"道"。太一在古代被赋予至高无上的地位，它是万物之所从出，也是万物效法的对象，是执行天道运行的假想主体，这个主体可以理解为抽象的法则，也可以理解为具象的神祇，人的各种行为和各种人工的宇宙模型都要效法其运行，建筑自然也是这样，特别是意义重大的建筑。

关于"太一"作为宇宙本原在先，还是作为神在先，也有两种相反的意见。

其一，由具体到抽象，即从对自然物崇拜中抽象出无实体的至上神，进而成为一个哲学概念。例如，有人认为，太一是月亮神抽象为"道"的

---

① 褚斌杰，《屈原〈九歌〉"东皇太一"解》，《荆州师范学院学报》，1995年1月，第38～42页。
② 罗义群，《"东皇太一"双重神格考》，黔东南民族师专学报（哲社版），1998年3月，第23～27页。
③ 连邵名，《马王堆帛画〈太一避兵图〉与南方楚墓中的镇墓神》，《南方文物》，1997年第2期，第109～110页。
④ 王春，《〈太一生水〉中的"太一"试诠》，《山东大学学报》，2004年第4期，第29～33页。
⑤ [明]万明英《三命通会·卷一·论五行生成》："阳也，故土曰五。由是论之，则数以阴阳而配者也。若考其深义，则水生于一。天地未分，万物未成之初，莫不先见于水，故《灵枢经》曰：'太一者，水之尊号。先天地之母，后万物之源。'以今验之，草木子实未就，人虫、胎卵、胎胚皆水也，岂不以为一？及其水之聚而形质化，莫不备阴阳之气在中而后成。"
⑥ 《吕氏春秋·仲夏纪》。

173

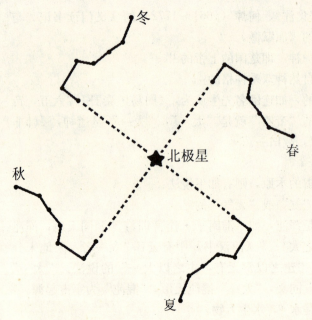

图 4 - 20
四季斗柄指向
图片来源：本书作者摄

结果①，"由宗教转向哲学的可能性，远超过由哲学转向宗教的可能性。"②

其二，由抽象到具体，即《淮南子·诠言训》所说的："同出于一，所为各异，有鸟、有鱼、有兽，谓之分物。"比如，有人认为太一作为神，是燕齐方士利用道家宇宙本原概念"太一"拟构出来的③，太一是从抽象的概念具体到某民族的祖皇。

至于究竟"太一"是什么神，则应该换一种思路。

从历史的眼光看，作为神的"太一"身份是不断演变的。前述各种观点都能找出自己的道理，说明这些说法都不会是空穴来风，在不同的时代和地区，"太一"的身份很有可能被故意地"误解"和有意识地"改串"④，以配合当时当地的信仰。由于太一被普遍认作至尊神，某时某地信仰中的最高神就有可能被称作"太一"。

以楚国为例，当时人们把楚国的保护神"东皇"作为最高神"太一"，即"东皇太一"，楚亡后，"东皇"就随之销声匿迹了，到汉初，由于崇尚楚文化，"太一"又被封为至尊，只是，地域性的"东皇"不再有人提起了，"太一"成了统一帝国的最高神。"太一"曾经有过的其他身份应该也与这种有意识的"改串"有直接关系。

在中国神仙谱系中，恐怕没有哪个神的身份这么复杂，这是因为，不同民族的神谱不尽相同，但他们都会有一个最高神，于是，每当各民族或地区之间发生战争、兼并和文化侵略的时候，都会同时产生信仰之争，胜

---

① 杜而未，《中国古代宗教系统》，台北：台湾学生书局，1983 年第 3 版，第 83~97 页。
② 郭杰，《略说"东皇太一"》，《徐州师范学院学报》（哲学社会科学版），1994 年第 4 期，第 23~24 页。
③ 周勋初，《九歌新考》，上海：上海古籍出版社，1986 年，第 39 页，第 156 页。
④ 朱青生先生认为，一个文化现象的产生有时是在诸种相关功能共同作用下，由人的误解和改串而形成的。朱青生，《将军门神起源研究：论误解与成形》，北京：北京大学出版社，1998 年。

利者的最高神就会被强加给被征服者,"太一"身份演变的实质是权力斗争。正如康斯坦丁大帝在公元 325 年把基督教作为罗马的国教,就是利用了正处于壮大中的基督教以赢得人心,基督教的"太一"——上帝就被强行规定为各民族统一的最高神。

图 4-21　汉武梁祠画像石《帝车图》
图片来源：陆思贤、李迪,《天文考古通论》,北京：紫禁城出版社,2000 年,第 98 页

　　由于"太一"是主神,他在宇宙中自然要占据最显赫的位置。《论语·为政》说："子曰：'为政以德,譬如北辰,居其所而众星拱之。'"《史记·天官书》也记载："中宫天极星,其极明者,太一常居也。"北极星被认为是天的中心,通过建木,与地的中心相连。按照中国尚中的传统,他一定位居中央,统帅着阴阳四方。汉武帝时,"亳人谬忌奏祠太一方,曰：'天神贵者太一,太一佐曰五帝。'"① 他有无上的权力,"北斗七星,所谓'旋、玑、玉衡以齐七政'。……斗为帝车,运于中央,临制四乡。分阴阳,建四时,均五行,移节度,定诸纪,皆系於斗。"② "太一"把北斗当成车辆,居中而坐,按照规则的时刻表巡幸四方,统制着空间和时间的秩序。

　　根据古人的观察,北极星处于北部天空,几乎没有位移,天象变化以北极星为中心而"天道左旋",太一乘"帝车"的巡幸四方导致四季变化。在天象上,北斗星的斗柄在不同季节所指的方向不同,农历十一月黄昏时,斗柄指向北方子,十二月指向东北丑,正月指向东北寅,这样逆时针"左旋",到了下一个十一月又指向北方子,循环往复。这就是古代历法中所说的十一月建子,十二月建丑,正月建寅等十二个月建。古人据此把它作为确定季节的标准,按照《鹖冠子·环流第五》的说法就是："斗柄东指,天下皆春,斗柄南指,天下皆夏,斗柄西指,天下皆秋,斗柄北指,

---

① 《史记·封禅书》。
② 《史记·天官书》。

天下皆冬。"

所以，罗世平先生认为长沙马王堆一号墓帛画上部中央位置的人首蛇身像就是太一，即北极星，日月辅佐在两侧，这种说法不但与星象运行相符，而且也同多数文献记载一致，是可以采纳的①。

四时的划分是在一个圆形的时间轨迹上进行的，每一个时段"太一"轮流居正。具体到建筑中，尤其是理想化的明堂中，就假设了这样一个主体的存在，天子在九宫明堂中的"轮居制"实际上就是顺应天时，模仿"太一行九宫"，即"太一游宫"②。

关于太一游宫，《周易乾凿度》解释得非常详尽：

"故太一取其数以行九宫，四正四维皆合于十五，五音、六律、七宿由此作焉。"

郑玄注曰："太一者，北辰之神名也。居其所，曰太一，常行于八卦日辰之间，曰天一，或曰大一。出入所游息于紫宫之内外，其星因以为名焉。故《星经》曰：天一，太一主气之神。行犹待也。四正四维以八卦神所居，故亦名之曰宫。天一下行，犹天子出巡狩省方岳之事，每率则复。太一下行八卦之宫，每四乃还于中央。

中央者，北神之所居，故因谓之九

图 4-22　长沙马王堆一号墓帛画
图片来源：熊传薪，游振群，《长沙马王堆汉墓》，北京：生活·读书·新知三联书店，2006 年，第 117 页

宫。天数大分以阳出，以阴入。阳起于子，阴起于午。是以太一下九宫，从坎宫始。坎，中男，始亦言无适也。自此而徙于坤宫，坤，母也；又自此而徙震宫，震，长男也；又自此而徙巽宫，巽，长女也。所行半矣，还

---

① 罗世平，《关于汉画中的太一图像》，《美术》，1998 年 4 月，第 72~76 页。
② 类似这样的用神明的游徙迁移表示时间运行的做法在古代是很常见的。如《淮南子·天文训》说："季春三月，丰隆乃出，以将其雨。至秋三月，地气不藏，乃收其杀，百虫蛰伏，静居闭户，青女乃出，以降霜雪。行十二时之气，以至于仲春二月之夕，乃收其藏而闭其寒。女夷鼓歌，以司天和，以长百谷禽鸟草木。"其中的丰隆、青女、女夷等就是这样的主体。

息于中央之宫。既又自此而乾宫，乾，父也；自此而徙兑宫，兑，少女也；又自此而徙于艮宫，艮，少男也；又自此而徙于离宫，离，中女也。行则周矣。"①

这里《星经》所说的"天一，太一主气之神"把太一和"气"联系到了一起，二者只是生命的不同表述形式，"气"是从作为生命最基本条件的物质和能量上定义生命的本质，太一则是"气"的人格化。

在九宫之数中，奇数是阳数，偶数是阴数。从各个数字在九宫中的分布来看，

图 4-23 太乙所居九宫图
图片来源：[明]王圻、王思义，《三才图会》，上海：上海古籍出版社，1988 年，第 899 页

奇数一居北方，从一开始，到东方的三，阳气渐长，到南方的九，阳气最盛，到西方的七，阳气渐衰，再回到北方的一，完成阳数的一次周流；偶数则从西南方的二开始，到东南的四、东北的八、西北的六，再回到西南，完成一次阴气消长的过程，这个循环揭示的是生命中阴阳变化的周期性过程。

关于九宫的文化意义，台湾著名学者徐芹庭博士的《夏禹开图书之本基》分析得非常精彩："是禹之治水，兴治天下，盖得力于洪范九畴也。后人因以书经洪范篇，配以洛书，而成此图。一曰五行，即洛书载九履一，而居下中者也。二曰五事，即洛书右上角者也。平常须注意敬行'貌言视听思'五事，做到'恭、从、明、聪、睿'，方能具'肃、乂、晢、谋、圣'之五德也。三曰八政，即洛书左中是也。做此八政兴农富国。四曰五纪即左上角，所以知天时布政治。五曰皇极，即中五是也。得大中至正之道以治四方也。六曰三德即右下角，所以因时治天下也。世平安则用正直之法，治乱世则用刚，治太平至道之时则用柔也。次曰稽疑即右中，用占卜之术高明之人决疑也。次八说庶徵谓治乱之征兆。在左下角。次九五福六极在上中，示个人之幸福灾殃。此图明细，

---

① 《周易乾凿度·卷下》，[汉]郑康成注，《文渊阁四库全书电子版》，上海：上海人民出版社、迪志文化出版有限公司，1999 年。

合洪范之要点于洛书。"① 这一条分缕析的解释说明，九宫格中的每一格都蕴涵丰富的意义，这是中国文化长期积淀的结果，其中包含了历史、政治、经济、伦理、哲学等多方面的思想内容。

"太一游宫"之说不但在天子的明堂祭祀中要严格遵循，对于世俗的建筑营造来说，也是备受重视的，这具体体现在风水术中。《黄帝内经》说："是故太一入徙立于中宫，乃朝八风，以占吉凶也。"② 风水中的"太一游宫"之术就是根据太一所处的方位判断来风的吉凶以趋避之，对宇宙意义的宏大思考最终被具体应用到了与人息息相关的建筑中，可见中国人的实用理性精神。

太一游行九宫之法成为很多重要建筑平面图的依据，比如，唐代"九宫神坛"的建造中就直接采纳这种布局。"景祐二年，学士章得象等定司天监生于渊、役人单训所请祀九宫太一依逐年飞移位次之法：'案郏良遇《九宫法》，有《飞棋立成图》，每岁一移，推九州所主灾福事。又唐术士苏嘉庆始置九宫神坛，一成，高三尺，四陛。上依位次置九小坛：东南曰招摇，正东曰轩辕，东北曰太阴，正南曰天一，中央曰天符，北曰太一，西南曰摄提，正西曰咸池，西北曰青龙。五数为中，戴九履一，左三右七，二四为上，六八为下，符于遁甲，此则九宫定位。'"太一在一宫，岁进一位，飞棋巡行，周而复始。"③

九宫还与古代理想化的王城之制相符合。"匠人营国，方九里，旁三门，国中九经九纬，经纬之涂皆容九轨，谓辙广也。乘车六尺六寸，旁加七寸，凡八尺。九轨七十二尺。每涂计广七十二步。男由右，女由左，车由中。东西经，南北纬，王宫居中经。"虽然古代城邑呈现的九宫不是每一个格子都一样大小，王宫面积较大，但这正体现出中宫的重要地位。

九宫和建筑有直接的联系，这从"北极星"名称来源也能找到根据。

在天文学中，太一即北极星，也叫北辰（宸）。《说文》说："宸，屋宇也。""极，栋也。""栋，极也。""北极星"名称来自神话中天帝宫室的屋顶栋梁。楚辞《天问》中的"斡维焉系？天极焉加？""加"通"架"，屈原是问北斗斗柄的绳子拴在何处，天宇栋梁架在何方。可见，"宫"不是一个九宫格中抽象的单元，它是居住之所，即建筑。

八方加中央为九宫，即四方四维和中央，太一游宫就是太一在九宫中

---

① 见《中华易学》，1990年第10卷第11期。转引自刘玉建，《中国古代龟卜文化》，桂林：广西师范大学出版社，1992年，第15~16页。
② 《黄帝内经·灵枢经·九宫八风》。
③ 《宋史·志第五十六》。

游走①。"太一常以冬至之日居叶蛰之宫四十六日,明日居天留四十六日,明日居仓门四十六日,明日居阴洛四十五日,明日居上天四十六日,明日居玄委四十六日,明日居仓果四十六日,明日居新洛四十五日,明日复居叶蛰之宫,曰冬至矣。太一日游,以冬至之日居叶蛰之宫,数所在,日徙一处,至九日,复反于一。常如是无已,终而复始。"② 也就是以一年的冬至、立春、春分、立夏、夏至、立秋、秋分、立冬八个节气把全年分为八个时段,每个时段太一居一个方向。冬至在北方,立春在东北,春分在东方,立夏在东南,夏至在南,立秋在西南,秋分在西,立冬在西北。

参以《合八风虚实邪正》图,就能更清楚地理解这段话,时间和空间方位共同出现在图中,无形的时间与空间

图4-24 无独有偶,西方人尊崇的理想建筑——所罗门神庙也是九宫格平面
图片来源:[美]卡斯腾·哈里斯,《建筑的伦理功能》,申嘉、陈朝晖译,北京:华夏出版社,2001年,第108页

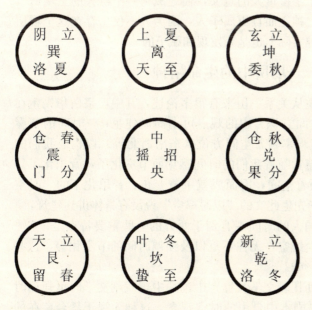

图4-25 《合八风虚实邪正》
图片来源:邢文,《帛书周易研究》,北京:人民文学出版社,1997年,第106页

---

① 亚字形的"五宫"如果把四隅考虑进去,正好是一个九宫格,九宫格和亚字形是同一种观念的两个变体。据考证,从亚字形的"五宫"到九宫的演变发生于秦汉时期,它们是一脉相承的。见何新,《诸神的起源》,北京:时事出版社,2002年,第430页。
② 《黄帝内经·灵枢经·九宫八风》。

相配合，借助空间得到表现。倪仲玉在《灵枢经校释》中的解释更强调了时间在游宫思想中的重要性："此九宫之位应于八方四时，各随时而命名也。"①

这种随时间变换空间的过程，从各种典籍的表述上看是以太一之神为主体的，实质上，它揭示的却是宇宙随时序周而复始的演变规律，是时间和空间联系的方式，是宇宙中生命之气的阴阳消长过程。

太一也是《周易》之"易"的神格化，"太一游宫"也就是以"易"为主体的演变方式，只是这种方式被形象化地描述了出来，这一点可以被帛书《周易》的《易传》证实，《易传》说："天地设位，而'易'行乎其中矣。"

总之，"太一游宫"的"宫"显然是建筑的意象，它认为宇宙的空间结构就是由九个建筑空间按照九宫格的图式构成的，并且，随着四时的变化，在每一宫就会发生相应的事件，即太一的驾临，从而，宇宙是一个有生命的存在，而不是剥离了时间和生命的纯粹物质的空间，正是因为这些不同属性的事件，赋予了宇宙重大的意义，使之成为一个巨大的"场所"，这个场所不仅属于太一之神，而且更属于人，因为人不仅生存在这个场所中，场所中的意义和精神实际上也是人发现和赋予的。

第三节 以时率空——场所中的生命精神

关于时间和空间的主从关系，历来有很多论述，其中，宗白华先生在《中国诗画中所表现的空间意识》中的观点可谓高屋建瓴："时间的节奏（一岁十二月二十四节气）率领着空间方位（东南西北等）以构成我们的宇宙。所以我们的空间感觉随着我们的时间感觉而节奏化了，音乐化了！""我们的宇宙是时间率领着空间，因而成就了节奏化、音乐化了的'时空合一体'。"② 只是宗白华先生此文的"以时率空"说没有具体讲到建筑。

朱良志先生认为中国人的时间观有别于西方的一些重要特点是："注重四时，时空合一，以时统空，无往不复以及强调时间的节奏化等，这些都对中国艺术产生直接影响。"③

乐黛云主编的《中西比较文学教程》中论述中国戏剧文学时也强调时间的统率地位："首先是剧本中自由的时空观念。这种无视于舞台存在的自由时空观念主要从叙述文学来。戏剧文学本应以空间为存在来反映时间，中国古典戏曲却根据叙述文学特色，按照时间顺序决定空间地位，在

---

① 邢文，《帛书周易研究》，北京：人民文学出版社，1997年，第106～107页。
② 宗白华，《中国诗画中所表现的空间意识》，《美学散步》，上海：上海人民出版社，1981年，第89页。
③ 朱良志，《中国艺术的生命精神》，合肥：安徽教育出版社，1995年，第1页。

现实舞台上便根据按时间活动的人物改变空间地位。"①

　　杨阿联、刘起宝的论文接受了宗白华先生的观点，并在建筑领域展开讨论，认为中国传统建筑是沿着时间型道路发展的，时间率领着空间②。这同西方现代建筑强调空间的理论截然相反，作者认为，"在我国传统建筑中，空间却让位于时间，成为时间的一维，空间在实质上体现为时间进程中的阴阳变化。""空间在这里变成了漫游的时间历程，单个的完整空间已失去了其意义，它只有被纳入时间的过程中，在变化中，才具有审美意义。时间超越了空间而成为建筑的主体，空间则表现为时间的一维。""空间的本质是时间进程中的阴阳变化。""在这里空间已软弱得无能为力，真正的主宰是时间。"中国传统建筑空间具有时间的流动性、周期性、序列性、节奏性、连续性和无限性，这是得到公认的。在对这些特点进行分析的时候，虽然作者的切入点是中国建筑中体现的时间进程中的阴阳变化，但作者使用的方法实际上是西方环境心理学分析的方法，这种方法偏重说明现代人对古代建筑的心理体验，却未必能说明古人当时真正的构思过程及其所依据的观念。

　　《照应古代音乐美学的中国传统建筑审美观》一文也有类似的看法，即"中国宇宙观强调'时间引导空间'。"③

　　可见，在众多学者眼中，"以时率空"是中国艺术非常重要的特点，这一特点在许多艺术体裁中都有体现。

　　赵奎英一反众家之说，在《中国古代时间意识的空间化及其对艺术的影响》中认为"以时率空"说贬低了空间的地位。作者写道："时间寓于空间之中，就像宙寓于宇中。空间主导着时间，时间被空间化了。"④

　　关于建筑中时间与空间哪个占主导地位的问题很值得继续探讨。

　　其实，在《周易》中早就涉及到了这个问题，《周易·乾·彖》说："大哉乾元，万物资始，乃统天。云行雨施，品物流形。大明终始，六位时成。时乘六龙以御天。""大明终始"，就是讲时间，即从早到晚一天的终始。荀爽注"六位时成"谓："六位随时而成乾"，"时乘六龙以御天"⑤，

---

① 乐黛云等主编，《中西比较文学教程》，北京：高等教育出版社，1988年，第330页。
② 杨阿联、刘起宝，《空间·时间——对中国传统建筑时间型特征的探索》，《华中建筑》，1997年第3期，第110～111页。
③ 见张宇、王其亨，《照应古代音乐美学的中国传统建筑审美观》，《建筑师》，2005年总第116期，第89～92页。
④ 赵奎英，《中国古代时间意识的空间化及其对艺术的影响》，《文史哲》，2000年第4期，第44页。
⑤ 有学者认为，"六龙"是记载星象随季节变化的符号，《周易》是中国最早的历法著作。见陆思贤、李迪，《天文考古通论》，北京：紫禁城出版社，2000年，第125页。

以龙来代表时间的运动，"六位"即苍龙在周天运行中潜、见、跃、飞、悔、伏（无首）六个方位，体现在卦象上，就是爻位的变化，其规律是有迹可循的，并且关乎时义，"时"即天道运行的时间性，整个历程由六爻与时相配，构成六个阶段，六爻的空间位置由时间贯穿和统领，这应该就是"以时率空"。可见，宗白华先生的观点是符合中国古代哲学大义的。赵奎英先生所说的"时间被空间化"就是本书所说的从时间到空间的转换，但这种转换不能证明空间的主导地位。

"以时率空"的同时，时间和空间中也有主从之分。

五行之中，以"土"位居统帅，同样，和五行相对应的空间和时间也不是均质的。在空间中，中央统领四方，在时间上，虚设的"长夏"统领四时。"子午卯酉得天阳之数而居四正。寅申巳亥辰戌丑未得地阴之数而

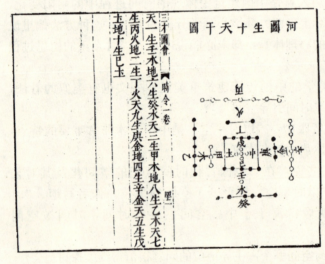

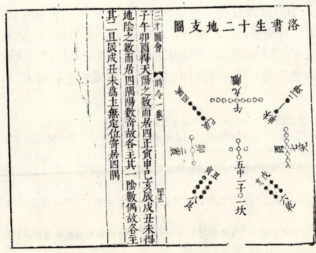

图 4-26 《河图生十天干图》和《洛书生十二地支图》

图片来源：[明] 王圻、王思义，《三才图会》，上海：上海古籍出版社，1988年，第895页

居四隅。阳数奇，故各主其一；阴数偶，故各主其二。且辰戌丑未为土，无定位，寄居四隅。"①"无定位"的"长夏"的运行在汉代产生的"卦气说"中就是"气"的运行。

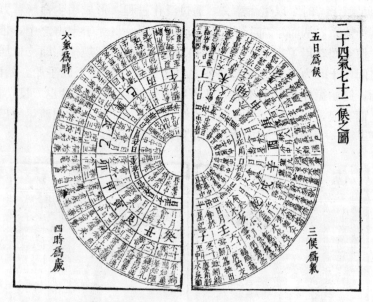

图 4-27 《二十四气七十二候之图》
图片来源：［明］王圻、王思义，《三才图会》，上海：上海古籍出版社，1988年，第885页

"气"在《说文》中解释为："气，云气也。"这是把"气"作为一种物质。但在古人看来，这种"气"不是我们现代人理解的空气，它还具有宇宙生成论的意义，正如《淮南子·天文训》所说："气有涯垠，清阳者薄靡而为天，重浊者凝滞而为地。"可见，这种天地未分时的"气"是包含孕育万物的物质本原，因其具有阴阳清浊之分，才演变为各种形态。

"气"还有气体、气息、气候、天气、气味等意义，对于人来说，还可以指人的精神状态、元气等。所以，"气"是天地的精华，是一种巨大的、不竭的能量，是生命的条件和最基本构成要素，是生命的另一种表述形式。

《月令》和《说卦》中的"四时配四方"说由汉代孟喜发展为卦气说，以坎、离、震、兑四正卦配四时四方，轮流居正，顺应天时，此四卦的二十四爻配二十四节气，以十二月卦配十二月和十二辰，七十二爻配七十二

---

① 见《洛书生十二地支图》。［明］王圻、王思义，《三才图会》，上海：上海古籍出版社，1988年，第895页。

候，即用卦象模拟四时的更迭。这种学说的实质是注重天时，并把天时中的规律泛化到一切事物中。

最值得称道的是，这种学说用"气（卦气）"来解释"时（天时）"，实际上是赋予"时"以生命意义，通过泛化过程，形成用生命解释万事万物的阐释体系，从而，"时"作为能动的因素，贯穿于宇宙之中，带动了空间，使空间获得了生命。"气"在空间中运行有其规律，即"艮居东北丑寅之间，于时为冬春之交，一岁之气于此乎终又将于此乎始。始而终，终而始，终始循环而生生不息，此万物所以成终成始于艮也。艮，止也，不言止而言成，盖止则生意绝矣，成终而复成始，则生意周流，故曰成言乎艮。"① 这应该就是"以时率空"说所依据的原理。

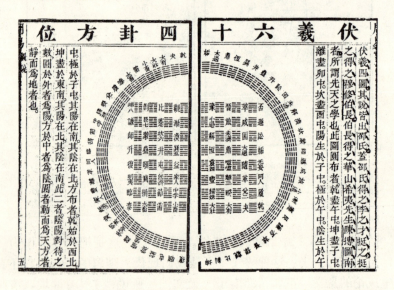

图4-28 《先天六十四卦方位图》
图片来源：邢文，《帛书周易研究》，北京：人民文学出版社，1997年，第241～242页。图中文字出自朱熹

《先天六十四卦方位图》是卦气说很好的图解。这幅图由外面的圆图和中部的方图构成，这正是"天圆地方"的宇宙图式，所谓"圆于外者为阳，方于中者为阴；圆者动而为天，方者静而为地者也。"其中的圆图正是天的意象，而这种天并非单纯的空间，其中有一种神秘的东西，或称为"气"，或称为"太一"，它在"与时偕行"，"所以可以理解圆图为天'气'的运行，或者说'时'的运行。"② 至于方图，则借助阴阳爻的顺序变化更

---

① ［宋末元初］俞琰，《周易集说》卷三十七，第4页上。《文渊阁四库全书电子版》，上海：上海人民出版社、迪志文化出版有限公司，1999年。
② 邢文，《帛书周易研究》，北京：人民文学出版社，1997年，第95页。

加直观地揭示了八个经卦在六十四卦中随着时间变化而游徙的循环往复过程。

"气,即四时节气,也就是时。因此,卦气的基本意义就在于卦与时。""简言之,六十四卦与四时节气的变化相对应的学说,就是卦气说。"① 正如邵雍的《先天六十四卦方位图》圆图并非单纯的空间图式,而是关乎时义一样,方图也并非单纯的时序图式,它也关乎空间,它最外围的四隅是乾、坤、否、泰,分别指示西北、东南、西南、东北四隅,囊括了宇宙空间的全部,并且对宇宙空间界定了明确的方位,即邵雍的"天地定位,否泰反类,山泽通气,损咸见义,雷风相薄,恒益起意,水火相射,既济未济,四象相交,成十六事,八卦相荡,为六十四。"② 次外层的艮、兑、损、咸也占据四隅,构成宇宙空间的第二层,即邵雍的"山泽通气,损咸见义";再向内,四隅为坎、离、既济、未济,即"水火相射,既济未济";最内层巽、震、恒、益是宇宙的中心,所谓"雷风相薄,恒益起意"。

上述《先天六十四卦方位图》方图从外到内的四个层次都用四隅来指示,如果把这些四隅去掉,剩下的就是四个层层相套的亚字形,如果和古代亚字形平面建筑进行比照,参以风水学说,就会看到它们是完全吻合的,这就更能够印证亚字形平面的建筑就是一种时空一体的宇宙模型,只不过《先天六十四卦方位图》是用抽象的符号建构的,而亚字形平面建筑用的是建筑材料而已。

明代万明英的《三命通会·卷一·论五行生成》说:"天高寥廓,六气回旋以成四时;地厚幽深,五行化生以成万物。"③ 他认为,时产生于气,即从风、热、火、湿、燥、寒六种气的运行中,产生了四季的变化。其实,早在大约战国时期的《素问·六节藏象论篇》中甚至已经直接把"气"和"时"划了等号:"岐伯曰:五日谓之候,三候谓之气,六气谓之时,四时谓之岁,而各从其主治焉。五运相袭,而皆治之,终期之日,周而复始,时立气布,如环无端,候亦同法。"

《荀子·王制》:"水火有气而无生,草木有生而无知,禽兽有知而无义,人有气、有生、有知,亦且有义,故最为天下贵也。"对于物质世界,有"气"未必有生命,但是,对于生物,生命却来自于"气","有气则生,无气则死。"④ "人之生,气之聚也,聚则为生,散则为死。"⑤ 这种孕

---

① 邢文,《帛书周易研究》,北京:人民文学出版社,1997年,第148页。
② [北宋]邵雍,《击壤集·卷十六·大易吟》,《文渊阁四库全书电子版》,上海:上海人民出版社、迪志文化出版有限公司,1999年。
③ 《文渊阁四库全书电子版》,上海:上海人民出版社、迪志文化出版有限公司,1999年。
④ 《管子·枢言》。
⑤ 《庄子·知北游》。

育生命的气叫作"生气"。

晋代郭璞的《葬经》主张"生气说",认为万物都生于"气",只有在生气充足的地方才能获得旺盛的生命力,所谓"人受体于父母,本骸得气,遗体受荫",生人和逝者的"生死殊途,情气相感",共同处于生命的大循环之中。生命的时间是无始无终的。"道始生虚廓,虚廓生宇宙,宇宙生气。"①"人禀天地之气以为生,故人身似一小天地,阴阳五行,四时八节,一身之中,皆能运会。"②不但作为时间和空间的巨大宇宙孕育生命之气,而且,作为小宇宙的建筑也同样是生命的来源。正是由于相信这一点,风水术才想方设法营造一种有利于产生生命的建筑空间。

在古人看来,空间分为两种。一种没有生命,冥顽不化,是"顽空";另一种是有生命的,生意盎然,即"真空"。苏辙的《论语解》说:"贵真空,不贵顽空。盖顽空则顽然无知之空,木石是也。若真空,则犹之天焉!湛然寂然,元无一物,然四时自尔行,百物自尔生。粲为日星,滃(wěng)为云雾。沛为雨露,轰为雷霆。皆自虚空生。而所谓湛然寂然者自若也。"苏辙认为,由于"四时自尔行",有了时间的运行,才会有"百物自尔生",即一个生机勃勃的生命世界的存在。"真空"由时间运行于其中,时间使空间充溢着生命精神。

《论语》的说法和苏辙如出一辙,子曰:"天何言哉?四时行焉,百物生焉,天何言哉?"③也是先说四时运行,再说百物化生。天默默无言地包容着四时,孕育着万物,再也不会有什么品德和恩德能与之相比拟了。所以,《周易·系辞下》说:"天地之大德曰生。"不但神圣的天地具有生生之德,运行其中的四时也具有"四德":"元亨利贞四德,乃分属于春夏秋冬之象,四德表现了春生夏长秋收冬藏之生命顺序,四德乃生之序,四德之所由生,突现了生之理。"④

人作为万物之尊,万物之灵,和万物一样,也是四时的仁德所赐。《黄帝内经·素问·宝命全形论篇》说:"人以天地之气生,四时之法成。"这也是说的时间对于生命的意义。

"在萨满世界里没有我们所谓'无生物'这种物事。"⑤"宇宙被看成是各种生命力之间的关系的反映,而生命的每一方面都是一个互相交叉的宇

---

① 《淮南子·天文训》。
② [清] 钱泳,《履园丛话》,西安:陕西人民出版社,1998年,第60页。
③ 《论语·经部·阳货第十七》。
④ 朱良志,《中国艺术的生命精神》,合肥:安徽教育出版社,1995年,第6页。
⑤ 张光直,《美术、神话与祭祀》,郭净译,沈阳:辽宁教育出版社,2002年,第111页。

宙体系的一部分。"① 张光直先生把中国古代的信仰等同于萨满教的信仰，这一点似乎过于大胆，不过，中国人的信仰世界里确实同样认为宇宙间是充满生命力的，甚至当人死后，也不会变成僵死的物质，而是变成和生人一样能说话、能运动、有思想、有感情的鬼，只是他们是生活在另外一个世界而已。

在西方现代科学主导的时代，人们当然已经很少再相信什么鬼神，但是，对生命现象的表述方式换了另外一些语言仍然大量存在于生物界之外的领域，比如"力"、"场"、"场所精神"等。"而现象学的'场所精神'（genius loci, spirit of place）正是'气'的同义词，即：'人们日常生活中所需面对的具体的实在'是所有现象或'东西'的综合，是一种外界既定的、预设的力量。"②

建筑现象学代表人物诺伯格·舒尔茨是这样解释"场所"的：

"人要定居下来，他必须在环境中能辨认方向并与环境认同。简而言之，他必须能体验环境是充满意义的。所以定居不只是'庇护所'，就其真正的意义是指生活发生的空间是场所。场所是具有清晰特性的空间。既然古时候场所精神（genius loci or spirit of place）一直被视为是人所必须面对的具体的事实，同时在日常生活中亦必须与之妥协。建筑意味着场所精神的形象化，而建筑师的任务是创造有意义的场所，帮助人定居。"③

这里所说的"生活发生的空间"不仅应该理解为物质生活的空间，更应该理解为精神生活的空间，是被人的精神生活赋予意义的空间。而关于"意义"，舒尔茨认为，"这些意义取决于我们在世存有（being‐in‐the‐world）的结构。"④ 显然这是对海德格尔的存在论哲学在建筑领域的重新阐释。

"场所"与"空间"的区别在于，"场所"是与人和事相关的，它是充满意义的、为人占有的环境。如果把空间仅仅看作抽象的、有固定形状的、几何形态的虚空的话，那么，场所就是非空间性的。从这个意义上说，空间是纯化的、非人的、抽空意义和价值的；而场所则是丰富的、动态的、集合了社会和文化等信息的意义和价值的载体。场所因为人才真正

---

① Richard F. Townsend. State and Cosmos in the Art of Tenochitlan, Washington, D. C.: Dumbarton Oaks, 1979, P9. 转引自张光直，《美术、神话与祭祀》，郭净译，沈阳：辽宁教育出版社，2002 年，第 117 页。
② 俞孔坚、李迪华，《景观设计：专业、学科与教育》，北京：中国建筑工业出版社，2003 年，第 100 页。
③ ［挪威］诺伯舒兹，《场所精神：迈向建筑现象学》，施植明译，台北：田园城市文化事业公司，1995 年，第 5 页。"定居"，Wohnen，德语词汇，或译为"栖居"，海德格尔的现象学中的核心概念之一。
④ 同上书，第 6 页。

存在。

即使在原始社会建筑的草创阶段，简陋的建筑中也充满了场所精神，从"古公亶父"在辽阔的周原插上一根木杆的一刻，木杆周围那个原本没有任何意义的、和周围环境没有任何区别的空间立刻就具有了非同一般的意义，它同别的空间已经不再一样，木杆周围的空

图4-29　新疆穆斯林墓地中，周围的空间向木杆聚集
图片来源：本书作者摄

间作为场所向木杆聚集①过来，人的故事将在此处开始演绎。

原始建筑中的文化涵义是非常丰富的，远远不是许多人认为的那样，在茹毛饮血的时代，人类疲于应对恶劣的自然环境，无暇顾及也不会创造遮蔽和防御功能之外的建筑文化，这些观点在中国有一种说法叫"仓廪实而知礼节"②。这在西方则表现为机械唯物主义的物质决定论。

与上述观点相反，纵观人类的文明史，恰恰是在某些物质贫乏、社会动荡、经济衰退的历史条件下，往往却会是文化发展的高峰期，中国百家争鸣的"轴心时代"——春秋战国时期就是这样一个时期③。借助精神的力量，人得以解决与自然的矛盾，这种力量就是神话和宗教的力量。

神话和宗教能回答世界是怎么发生的，人类是从哪里来的，人和自然力是什么关系，人类为什么会死等等，而这些问题是现代科学不能彻底解决的。在靠物质手段不能解决生存问题的时候，用精神的力量能有效地弥补其不足，所以，当求诸外界没有结果的时候，人们往往会"反求诸己"，依靠高度发达的精神文明的创造保证人类的生存和繁衍。精神文明和物质文明常常是成反比例发展的，甚至还有先进的物质成果被排

---

① Versammelung，海德格尔以桥为例思考筑造和栖居，他说："桥把大地聚集为河流四周的风景。""桥以其方式把天、地、神、人聚集于自身。"见［德］海德格尔，《筑·居·思》，载《海德格尔选集》，孙周兴选编，上海：上海三联书店，1996年，第1195～1196页。
② 《史记·卷六十二·管晏列传第二》："仓廪实而知礼节，衣食足而知荣辱，上服度则六亲固。四维不张，国乃灭亡。下令如流水之原，令顺民心。"
③ "轴心时代"是雅斯贝尔斯（Karl Jaspers，1883～1969，德国存在主义哲学家、心理学家和教育家）的说法，见［德］雅斯贝尔斯，《历史的起源与目标》，魏楚雄，俞新天译，北京：华夏出版社，1989年。

斥的情况，"高级的技术和最为健全的社会结构并不总是占有优势；实际上，它们可能太过于完善了，因为人们只需要适应他们发展条件的东西。……人们所需要的不是高级的文明产品，而是某种适宜于他们情况的和最易找到的东西。同样的规则也适用于接受新的文明和保持旧的文明。"①

"场所"是属于精神生活的空间，只有从生命的意义上理解"场所"，才能接近其"genius loci"的本义，"场所精神"就是一种生命精神。"'场所精神'（genius loci）是罗马的想法。根据古罗马人的信仰，每一种'独立的'本体都有自己的灵魂（genius），守护神灵（guaraian spirit）这种灵魂赋予人和场所生命，自生至死伴随人和场所，同时决定了他们的特性和本质。"② 这种由神灵保护的场所为人带来和平，带来自由，"栖居的基本特征就是这种保护。"

图 4-30 巴黎先贤寺藏夏凡纳的壁画作品《圣热内维埃芙守护巴黎》
图片来源：中央美术学院《外国美术简史》幻灯片

尽管罗马人的建筑与中国的建筑非常地不同，但是，我们仍然不禁被他们的建筑遗产所感动；尽管中国人表述"场所精神"的语言和方式与罗马人也很不一样，但是，二者又是那样的相通。原因其实很简单，那就是，两大文明的创造者都有着对生命同样透彻的领悟，他们的建筑都是为了灵魂的"定居"。

筑造绝非一般的人类活动，"看起来，我们似乎只有通过筑造才能获

---

① ［英］爱德华·泰勒，《人类学——人及其文化研究》，连树声译，桂林：广西师范大学出版社，2004年，第17~18页。
② ［挪威］诺伯舒兹，《场所精神：迈向建筑现象学》，施植明译，台北：田园城市文化事业公司，1995年，第18页。

图4-31 土地的神灵
图片来源：本书作者摄于云南大理

得栖居。"① "因为筑造不只是获得栖居的手段和途径，筑造本身就已经是一种栖居。"② 所以，西方的"建成环境"（built environment）一词应当从"栖居"的意义而非物质材料的组合配置意义去理解，因为只有这种环境才是人类能够栖居、能够归属、能够托付自身的场所。

对于古人来说，时间不是抽象的概念，"在神话的思想中，时间和其他自然现象在性质上是相同的，也同样是具体的，在人本身的生活周期和韵律中，以及自然的生命里可以体验得到。人在自然的整体中的参与具体地表现在仪礼上，在'宇宙事件'中，诸如创造、死亡以及复活都要重新设定。""物、秩序、特性、光线和时间是对自然具体的理解的主要范畴。物和秩序是属于空间性的（具体的品质感受），特性和光线是指场所的一般气氛。我们也可以说'物'和'特性'（在这里的意义）是大地的向度，'秩序'和'光线'则取决于苍穹。最后，时间是恒常与变迁的向度，使空间与特性成为生活事实的一部分，在任何时刻中赋予生活事实成为一个特殊的场所，一种场所精神。"③

时间在"物、秩序、特性、光线和时间"这些自然界的主要范畴中是一个能动的因素，它的存在，以及对它的领悟，使得空间性的物和秩序具有了意义和生命，它使空间容纳了人的生活，容纳了人和自然之间发生的各种事件，没有时间这个向度，人就没有办法领会生命，建筑空间就只是空间，而不是"场所"。

《阳宅十书》说："论形势者，阳宅之体；论选择者，阳宅之用。"此处的"形势"说的是场地和宅形的空间形态；"选择"即"日法"，是风水

---

① ［德］海德格尔，《筑·居·思》，载《海德格尔选集》，孙周兴选编，上海：上海三联书店，1996年，第1192页。
② 同上书，第1188～1189页。
③ ［挪威］诺伯舒兹，《场所精神：迈向建筑现象学》，施植明译，台北：田园城市文化事业公司，1995年，第32页。

术中修造、迁宅时选择吉日的意思，是对时间的选择。这句话实际上说的就是时间和空间的关系：空间为体，时间为用，二者配合，缺一不可。就像人一样，只有空间中的"体"还不过是个物质的躯壳，只有这个躯壳占有了属于自己的时间，为时间所用，才真正获得了属于自身的生命。《淮南子·天文训》说："天地之袭精为阴阳，阴阳之专精为四时，四时之散精为万物。"和我们今天所说的物理学的时间不同，四时可以和万物相化生。对于生命体而言，时间就是生命，时间统领的建筑空间也是这样一个生命体，其中的场所精神就是一种生命精神。

第五章 余 论

第一节 两种取向

前面,本书从观念层面初步研究了在中国传统建筑中时间和空间的关系,探讨了时间观念对于营造场所精神的意义,并指出了这种场所精神是一种生命精神。同时,也结合了考古学的很多成果,用一些建筑实例解析了时间观念在古代建筑中具体的体现方式,从这些实例中可以看到,中国古代建筑对于时间观念到建筑空间的转换大致有两种取向,即规划型和自发型两种不同的动态类型。

所谓规划型,是人为力量大于自发力量,整体规划先于局部调整的方式。这种方式往往在相对较短的时期内通过造城运动一次成型,它受到政治、思想、宗教等意识形态的影响和控制非常深刻,这种影响往往是决定性的、强制性的。而自发型的聚落形态,则主要是在自发力量的作用下在相对漫长的时期内逐步形成的,相对于规划型的理想主义方式,自发型的聚落模式更多地体现

图 5-1 自发型的聚落
图片来源:本书作者摄于云南大理

出自然主义的取向①。

所以，一方面，可以见到一种用相对严格的亚字形、九宫格形式营造的官式建筑类型；另一方面，还有一种形式相对自由的民间居住建筑和更加活泼的园林建筑。具体对实际建筑而言，两种类型不是截然不同的，只是它们对于时间观念的表达一种更直白，而另一种则更含蓄而已。

由于官式建筑——特别是礼制建筑和王城——对于宇宙模式的极力模仿，它们更多地具有理想主义的取向，从平面布局，到门和街道的命名，都毫不掩饰这种模仿。但一方面

图 5-2 规划型的城市
图片来源：本书作者摄于法国 Vauban 城堡

由于功能的需要，另一方面由于不同时代观念的变迁，亚字形、九宫格等形式往往被拓扑变形，变形后的平面常需仔细解读才能找到其内在的结构关系。

以"万园之园"圆明园为例。圆明园的九州清晏景区取"禹贡九州"义，以非常自由的拓扑变形方法使用九宫形式。公元 1724 年（雍正二年），雍正皇帝为了修葺圆明园，命新任大臣山东济南府德平县知县张钟子、潼关卫廪膳生员张尚忠为圆明园查看风水，称"圆明园内外俱查清楚，外边来龙甚旺，内边山水按九州爻象、按九宫处处合法。"② 在行政功能相对较弱的福海区域和长春园，也能依稀看出其平面形式是来自对九宫格更加大胆的拓扑变形，随着行政功能的减弱，造园的自由度就会相应加强，其园林的属性就愈加明确。

大量性的民用建筑，尽管从表面上看因地制宜，形式极为活泼，呈现

---

① 详见孟彤，《试错与自组织——自发型聚落形态演变的启示》，《装饰》，2006 年第 2 期，第 43～44 页。
② 《山东德平县知县张钟子等查看圆明园风水启》，见中国第一历史档案馆，清代档案史料圆明园，上海：上海古籍出版社，1991 年，第 6～8 页。

自发型的取向,但是,它们也绝非没有规划,并且,由于风水术的指导,它们对于宇宙模式的效仿、对于时间观念的体现、对于生命精神的追求绝不亚于官式建筑。

所谓"文武之道,一张一弛"①,这两种取向实际上正体现出中国古代主流文化——儒家文化所倡导的礼乐精神。

礼制的演变源于原始社会的群众性歌舞,之后演化为氏族社会阶段由祭司主持的仪式,最终在奴隶社会和封建社会漫长的发展时期内完善为复杂的礼制。由于礼制的需要,在建筑中也相应地体现着这样三个大致的演化阶段。

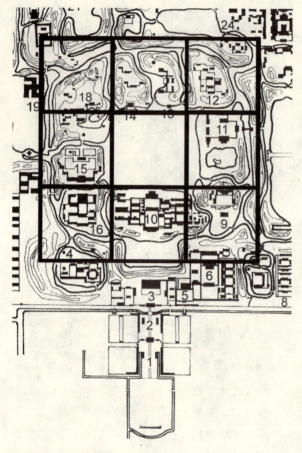

图 5-3 九州景区平面与九宫

在原始的游牧阶段,"纳钵"制度体现着早期"四时配四方"的观念,建筑也以流动性和临时性为主要特征;在祭司垄断祭祀的阶段,已经发展出"四时合祭"等较为规范的礼仪,并出现了适应祭祀需要的早期礼制建筑;在此基础上,随着礼制的完善,礼制建筑也逐渐制度化。这三个阶段只是大致的划分,它们的不同不是截然的,后代的礼仪和礼制建筑在很大程度上保留着前面阶段的痕迹,同时还有变革。

关于礼乐精神,儒家典籍《礼记》进行了详尽的阐述,比如:"礼节民心,乐和民生。政以行之,刑以防之。礼乐行政,四达而不悖,则王道备矣。""乐至则无怨,礼至则不争,揖让而治天下者,礼乐之谓也。暴民不作,诸侯宾服,兵革不试,五刑不用,百姓无患,天子

---

① 《礼记·杂记下》:"张而不弛,文武弗能也;弛而不张,文武弗为也。一张一弛,文武之道也。"

不怒，如此则乐达矣。合父子之亲，明长幼之序，以敬四海之内，天子如此，则礼行矣。""在天成象，在地成形。如此，则礼者天地之别也。地气上齐，天气下降，阴阳相摩，天地相荡，鼓之以雷霆，奋之以风雨，动之以四时，暖之以日月，而百化兴焉。如此，则乐者天地之和也。"①《论语·泰伯第八》也有："子曰：兴于诗，立于礼，成于乐。"大致说来，礼是超越于本能的外在规范，是社会文化演进的结果，它对人有约束作用，是社会和谐所必需的外在规定；乐则是发自内心的，是人的生理和心理的直接呈现和抒发，是人自我实现的重要途径。有关礼和乐的论述见于典籍的还有很多，如果深究，则又是一个很大的题目，在此不便展开了。

第二节　"非人"的现代性时间与传统建筑

"谁规定一分钟是六十秒，
十五分钟是一刻？
谁规定一天二十四小时，
白天黑夜轮替？
谁规定一年365天，
过了一年又是一年？
谁规定春夏秋冬的次序，
为什么不是冬秋夏春倒着走呢？
有谁看见时间的脚步拼命跑，
为什么我被追得这么累？"②

一本畅销绘本中的小诗诉说了现代人的境遇：人已经成了时间的奴隶，时间是"非人的时间"。

匀速运转的机械钟的发明提供了一种时间的模型，强化了人们对于时间均匀性与连续性的认识，人们往往直接用钟表表示时间，二者被不假思索地等同了。特别是随着钟表的精确化，整个世界被一个统一的标准时间联系为一个整体，时间不再由任何一个权力集团和个人所掌握，它成为一种独立自在的力量，世界上一切事务都要在这个独立的、精确的框架中发生，时间不再是自然界有机的律动，不但工作时间，而且闲暇时间都被纳入一张精确的时间表，时间的暴政驱使着远离自然状态的人类。

---

① 《礼记·乐记》。
② 幾米，《布瓜的世界》，沈阳：辽宁教育出版社，2002年，第81页。

在时间的测量中，计时器起到了关键作用，特别是时钟的发明，甚至已经支配了人的生活。一旦时钟开始支配人的生活，人就陷入一个悖论中，人们把用时钟测量的时间等同于本真的时间，在对于时间的算计和测量中，不但本真的时间被遗忘，丧失了本真时间的此在也迷失了。虽然人们

图5-4　位于巴黎的让·迪贝兹的作品《向Arago致敬》。Arago在1806年把子午线从巴黎延长到西班牙。子午线统一了时间和空间的度量

为了计量时间已经发明了十分精确的时钟，并且，在日常状态中，此在已经离不开钟表，他操劳于现在。但遗憾的是，计时器的测量效果越精确，人们就越发时刻感受着时间那不容喘息的追赶和压迫，也就越发无暇对时间进行冷静的沉思。许多伟人对时间的论述都投射着时间暴政的阴影："任何节约归根到底是时间的节约。（马克思）""忘掉今天的人将被明天忘掉。（歌德）""放弃时间的人，时间也放弃他。（莎士比亚）""辛勤的蜜蜂永没有时间的悲哀。（布莱克）""没有方法能使时钟为我敲已过去了的钟点。（拜伦）""时间最不偏私，给任何人都是二十四小时；时间也是偏私，给任何人都不是二十四小时。（赫胥黎）"。[①]

时间的暴政在英语词汇"守时"（punctuality）中体现得淋漓尽致，它同"打击"（punch）、"刺穿"

图5-5　达利的油画作品《记忆的永恒》直接用钟表代表时间

图片来源：ccd.zjonline.com.cn 2006.03.22

[①] http：//beidouweb.com. 2006.3.6

(puncture)这些带有暴力意味的词汇出自一个词根(pugn,pung,刺)。时间需要"遵守",守时是一种美德,更是强大的经济机器制定的不容抗拒的规则,时间随时可能无情地终止任何进行中的事情、任何自然的律动乃至任何生命。在现代社会,为了最大限度地把时间当作一种资源来利用,人们甚至发明了一种叫做"时间管理"的学问,表面上看,时间被人管理着,但实际上,人却被时间支配着、奴役着,甚至人们的闲暇时间也被纳入"时间管理"的范围。

图5-6 古代的计时器——故宫的日晷
图片来源:本书作者摄

《五灯会元·卷四》中有一段赵州和尚和一僧人的对话:"有问:'十二时中如何用心?'师曰:'汝被十二时辰使,老僧使得十二时。'"这说明,即使在那个时代,人们也会被时间指使于世俗事务中,但是,时钟和它代表的计量时间在中国古代一直没有机会全面扭曲人的生存,古人曾在诗文中留下许多对人生苦短的叹息,如曹操的"对酒当歌,人生几何?譬如朝露,去日苦多",却很少有类似"为什么我被追得这么累?"这样的悲鸣。中国古代曾经创造过许多计时工具,精确到秒的时钟是在明末才从西方传入中国宫廷的,它们只供帝王使用,在中国古代史上一直没有机会替代其他传统的计时方式,在古代汉语的计时词语中也很少见到钟表的影响。

直到近代,西方的天学摧毁了作为中国传统建筑根基的天圆地方宇宙观,西方人倚仗坚船利炮又把西洋建筑强加在中国原有的建筑文脉中,经过百余年被动的接受和主动的学习,"非人"的现代性时间在中国一统了天下,像在世界其他很多地方一样,中国正在步入汽车时代,时间对于城市的尺度、结构、形态,连同其中人们的生活来说,其重要性远远超过古代。不过,这种时间已经很少具有诗意,也很少具有神圣的意义,"但是人口密度是一种相对的东西。人口较少但交通工具发达的国家,比人口较多但交通工具不发达的国家有更加密集的人口;从这个意义上说,如美国北部各州的人口比印度的人口更加稠密。"① 汽车时代,解决人口流动和城市尺度、城市格局的矛盾成了一个历经几十年也没有能解决好的问题,时间因素对于城市设计来说成了一个重要的指标,它只在计量的意义上被人所认识和研究,城市和建筑空间的序列感也往往是设计师形式游戏的结果,其中的时间因素很少再有更深刻的内涵。

信息时代,不只是交通发达,而且信息技术也爆炸式地发展,人类的空间和时间都呈现"压缩"态势,如果拿时间作为标尺的话,城市之间的距离被成倍地拉近了,甚至整个地球都成了"地球村"②。原来物质的空间常常被消解为"虚拟空间",而克服空间距离所需的时间往往借助光速的电子运动被压缩为一瞬,《西游记》中的"缩地法"已经不再是魔法③。虽然现代技术帮助人类节约了大量的时间,但是,人们反而觉得时间从来没有像现在这样永远不够用。

在建筑领域,这种悖论也一样令人一筹莫展。一次常见的堵车使人们走一站地用掉的时间往往远超过从一个城市到另一个城市的时间,这还只是城市功能上表现出的问题,更大的危机是在文化层面,传统建筑文脉几乎被彻底割裂,传统建筑的危机实质上是文化危机的表征。抽象的、纯粹的、没有意义的时间取代了传统的、与自然和谐律动的、充满意义的时间,人们对古代建筑中表现出的时间意识已经很难理解,传统建筑中蕴含的时间观念往往被当作一种附会、一种无知,在种种意义被从建筑中剥离之后,建筑成了单纯的空间,场所丧失了。虽然我们的住房越来越大,越来越舒适,但是,我们的精神已经流离失所。

因此,由西方学者提出的"场所精神"不仅在西方,而且在中国都是具有极为重要的现实意义的。

其实,即使西方国际式建筑的始作俑者路德维希·密斯·凡德罗也坚持认为建筑并非是要追求风格,而是一种精神活动,他在1930年的《构筑(Bauen)》中写道:"因为正确的以及有意义的,对于任何时代来说——包括这个新的时代——是这样的:给精神一个存在的机会。"④

另一位现代主义建筑大师勒·柯布西耶同样强调建筑的精神价值,他说:"建筑是一件艺术行为,一种情感现象,在营造问题之外、超乎它之

---

① 马克思《资本论》第十二章《分工和工场手工业》。
② [加] 麦克卢汉(H. Marshall McLuhan, 1911~)语。
③ "缩地法"见 [明] 吴承恩,《西游记》,第二十二回、第三十一回。
④ 方振宁,《崇高建筑论——路德维希·密斯·凡德罗与北方浪漫主义》,《建筑技术及设计》,2003年第7期,第40页。

上。营造是把房子造起来；建筑却是为了动人。当作品对你合着宇宙的拍子震响的时候，这就是建筑情感，我们顺从、感应和颂赞宇宙的规律。"①

场所精神不可能产生于单纯的技术，也不可能产生于计量性的时间，它来自人们"合着宇宙的拍子震响"的神圣体验，它来自对"人的时间"——生命的领悟，来自一种人们尚未确知的"神话"。

本雅明（Walter Bendix Schonfles Benjamin，1892~1940）说："哪里有乞丐，哪里就有神话。"② 物质的匮乏需要神话来弥补，精神的空虚更需要神话的慰藉。在物质极大丰富的今天，人们在精神上不是正在沦为乞丐吗？城市中充斥着越来越多的以注重功能为幌子的没有灵魂的建筑，人们的精神已经无家可归。人类的当务之急是重建一个天、地、神、人"四方"归于一体的和谐时代，我们呼唤久违了的"神话"③。

这种神话不会再是开辟鸿蒙时代的神话，因为人类拒绝重返蛮荒；它也不可能是现代科技许诺的神话，因为人们不愿接受现代科技造成的人的异化。这种神话是什么，它在哪里，还要人类去寻找。

图5-7 "哪里有乞丐，哪里就有神话。"
图片来源：Macy's: The Benediction. Photographed by Ann Marie Rousseau（amrousseau.com copyright 1980）. http: // trill. cis. fordham. edu/~gsas/philosophy/vanholleb

---

① ［法］勒·柯布西耶著，《走向新建筑》，陈志华译，天津：天津科学技术出版社，1991年，第16~17页。（着重号原书即有）。
② "As long as there is still one beggar around, there will still be myth."见本雅明，《拱廊街研究》英文版：Walter Benjamin. The Arcades Project. trans. Howard Eiland and Kevin Mclaughlin. The Belknap Press of Harvard University Press, 1999, p400.
③ "天、地、神、人"是对海德格尔"天空、大地、诸神、终有一死者"的简译。见［德］M·海德格尔，《筑·居·思》，《海德格尔选集》，孙周兴选编，上海：上海三联书店，1996年，第1192页。

主要参考文献

一、中文书目

1. [汉] 班固撰,《汉书》,[唐] 颜师古注,北京:中华书局,2005.
2. 曹春平,《中国建筑理论钩沉》,武汉:湖北教育出版社,2004.
3. 曹意强、洪再新编,《图像与观念——范景中学术论文选》,广州:岭南美术出版社,1993.
4. 陈嘉映,《存在与时间读本》,北京:三联书店,1999.
5. 陈江风,《天文与社会》,开封:河南大学出版社,2002.
6. 陈成国,《周易校注》,长沙:岳麓书社,2004.
7. [宋] 程大昌,《雍录》,黄永年点校,北京:中华书局,2002.
8. 程俊英撰,《诗经译注》,上海:上海古籍出版社,2004.
9. 褚良才,《周易·风水·建筑》,上海:学林出版社,2003.
10. 辞海编辑委员会编,《辞海》,上海:上海辞书出版社,1989.
11. 道藏研究所编,《正统道藏》,北京:文物出版社,上海:上海书店,天津:天津古籍出版社,1988年影印版.
12. 丁山,《古代神话与民族》,北京:商务印书馆,2005.
13. 杜而未,《中国古代宗教系统》,台北:台湾学生书局,1983年第3版.
14. [宋] 范晔撰,《后汉书》,[唐] 李贤等注,北京:中华书局,2000.
15. 方珊,《诗意的栖居——建筑美》,石家庄:河北少儿出版社,2003.
16. 冯时,《中国古代的天文与人文》,北京:中国社会科学出版社,2006.
17. 冯时,《中国天文考古学》,北京:社会科学文献出版社,2001.
18. 傅刚、费菁,《都市档案》,北京:中国建筑工业出版社,2005.
19. 傅斯年,《史学方法导论——傅斯年史学文辑》,北京:中国人民大学出版社,2004.
20. [日] 冈元凤纂辑,《毛诗品物图考》,王承略点校解说,济南:山东画报出版社,2002.
21. 高介华主编,《中国建筑文化研究文库》,武汉:湖北教育出版社,2003.
22. 葛兆光,《道教与中国文化》,上海:上海人民出版社,1987.
23. 葛兆光,《中国思想史》,上海:复旦大学出版社,2004.
24. [清] 顾炎武,《历代宅京记》,北京:中华书局,1984.
25. [清] 顾炎武,《日知录》,长春:北方妇女儿童出版社,2001.
26. [春秋] 管仲,《管子校注》,黎翔凤撰,梁运华整理,北京:中华书局,2004.
27. 郭沫若,《中国古代社会研究》,石家庄:河北教育出版社,2000.
28. [晋] 郭璞撰,《葬书》,方成之整理,济南:山东画报出版社,2004.

29. 汉宝德,《中国建筑文化讲座》,北京:三联书店,2006.
30. 韩震、孟鸣歧,《历史·理解·意义》,上海:上海译文出版社,2002.
31. 胡敏,《汉族四时八节风俗》,南宁:广西教育出版社,1990.
32. [汉]桓谭著,《新论》,上海:上海人民出版社,1977.
33. 金观涛、刘青峰,《兴盛与危机——论中国封建社会的超稳定结构》,长沙:湖南人民出版社,1984.
34. 何新,《艺术现象的符号——文化学阐释》,北京:人民文学出版社,1987.
35. 何新,《诸神的起源》,北京:时事出版社,2002.
36. [上古]黄帝撰,《宅经》,方成之整理,济南:山东画报出版社,2004.
37. 幾米,《布瓜的世界》,沈阳:辽宁教育出版社,2002.
38. [明]计成著,《园冶图说》,赵农注释,济南:山东画报出版社,2003.
39. 姜波,《汉唐都城礼制建筑研究》,北京:文物出版社,2003.
40. 姜亮夫,《屈原赋校注》,北京:人民文学出版社,1957.
41. 江晓原,《天学真原》,沈阳:辽宁教育出版社,1991.
42. [先秦]《周髀算经》,江晓原、谢筠译注,沈阳:辽宁教育出版社,1996.
43. 孔祥星、刘一曼,《中国古代铜镜》,北京:文物出版社,1984.
44. 冷德熙,《超越神话——纬书政治神话研究》,北京:东方出版社,1996.
45. 李安宅,《〈仪礼〉与〈礼记〉之社会学的研究》,上海:上海人民出版社,2005.
46. [北魏]郦道元,《水经注》,陈桥驿注释,杭州:浙江古籍出版社,2001.
47. [宋]李昉编,《太平御览》,夏剑钦、王巽斋校点,石家庄:河北教育出版社,2000.
48. [宋]李诫,《营造法式》,北京:中国书店出版社,2006.
49. 李零,《中国方术考》,北京:人民中国出版社,1993.
50. 李零,《中国方术续考》,北京:东方出版社,2000.
51. 李亦园,《宗教与神话》,桂林:广西师范大学出版社,2004.
52. 李允鉌,《华夏意匠》,香港:香港广角镜出版社,1982.
53. 梁思成,《中国建筑史》,天津:百花文艺出版社,2005.
54. [唐]令狐德棻等撰,《周书》,北京:中华书局,2000.
55. 刘敦桢主编,《中国古代建筑史》,北京:中国建筑工业出版社,1984.
56. 刘沛林,《风水——中国人的环境观》,上海:上海三联书店,1995.
57. 刘文英,《中国古代的时空观念》,天津:南开大学出版社,2000年修订本.
58. [汉]刘向编,《楚辞章句补注》,王逸章句,[宋]洪兴祖补注,台北:世界书局,1956.
59. 刘叙杰主编,《中国古代建筑史·第一卷》,北京:中国建筑工业出版社,2003.
60. 刘玉建,《中国古代龟卜文化》,桂林:广西师范大学出版社,1992.
61. 陆九渊,《陆九渊集》,北京:中华书局,1980.
62. 陆思贤,《神话考古》,北京:文物出版社,1995.
63. 陆思贤、李迪,《天文考古通论》,北京:紫禁城出版社,2000.

64. 洛阳博物馆编,《洛阳出土铜镜》,北京:文物出版社,1988.
65. 茅盾,《神话研究》,天津:百花文艺出版社,1981.
66. 倪梁康等编著,《中国现象学与哲学评论(第六辑)·艺术现象学·时间意识现象学》,上海:上海译文出版社,2004.
67. [宋]欧阳修、宋祁,《新唐书》
68. 潘天寿,《中国绘画史》,上海:上海人民美术出版社,1983.
69. [南朝·宋]裴骃撰,《史记集解》,毛氏汲古阁,明崇祯14年(1641)刻本
70. [宋]普济著,《五灯会元》,苏渊雷点校,北京:中华书局,1984.
71. 钱健、宋雷,《建筑外环境设计》,上海:同济大学出版社,2001.
72. 任继愈等译注,《老子全译》,成都:巴蜀书社,1992.
73. 沙宗平,《中国的天方学》,北京:北京大学出版社,2004.
74. 尚秉和:《周易尚氏学》,北京:中华书局,1980.
75. 沈福煦、沈鸿明,《中国建筑装饰艺术文化源流》,武汉:湖北教育出版社,2002.
76. [汉]宋衷注,[清]秦嘉谟等辑,《世本八种》,上海:商务印书馆,1957.
77. 沈玉麟,《外国城市建设史》,北京:中国建筑工业出版社,1989.
78. [上古]太古真人,《黄帝内经》,陈富元译注,西宁:青海人民出版社,2004.
79. 陶磊,《〈淮南子·天文〉研究——从数术史的角度》,济南:齐鲁书社,2003.
80. [清]王国维,《观堂集林》卷三,石家庄:河北教育出版社,2001.
81. 王海棻,《古汉语时间范畴词典》,合肥:安徽教育出版社,2004.
82. 王建国,《现代城市设计理论和方法》,南京:东南大学出版社,1991.
83. [明]王君荣纂辑,《阳宅十书》,上海:锦章图书局,民国年石印本
84. 王其亨主编,《风水理论研究》,天津:天津大学出版社,1992.
85. 王昆吾,《中国早期艺术与宗教》,上海:东方出版中心,1998.
86. 王鲁民,《中国古典建筑文化探源》,上海:同济大学出版社,1997.
87. 王鲁民,《中国古代建筑思想史纲》,武汉:湖北教育出版社,2002.
88. 王明编,《太平经合校》卷六十五,北京:中华书局,1960.
89. [明]王圻、王思义,《三才图会》,上海:上海古籍出版社,1988.
90. 王绍森,《建筑艺术导论》,北京:科学出版社,2000.
91. 王世仁,《中国古建探微》,天津:天津古籍出版社,2004.
92. 王显春,《汉字的起源》,北京:学林出版社,2002.
93. 王振复,《大地上的"宇宙":中国建筑文化理念》,上海:复旦大学出版社,2001.
94. 吴国盛,《时间的观念》,北京:中国社会科学出版社,1996.
95. 吴国盛,《现代化之忧思》,北京:三联书店,1999.
96. [梁]萧统编,《文选》,[唐]李善注、陈明洁整理,济南:山东画报出版社,2004.
97. 肖巍,《宇宙的观念》,北京:中国社会科学出版社,1996.
98. 邢文,《帛书周易研究》,北京:人民文学出版社,1997.
99. [唐]徐坚等著,《初学记》,北京:中华书局,2004年第2版

100. 〔汉〕许慎撰，〔宋〕徐铉校订，《说文解字》，北京：中华书局，1963.

101. 〔吴〕徐整撰，《三五历记》，清济南：皇华馆书局，清同治10年（1871）补刻，清重印

102. 杨东莼，《中国学术史讲话》，南京：江苏教育出版社，2005.

103. 杨鸿勋，《宫殿考古通论》，北京：紫禁城出版社，2001.

104. 〔汉〕扬雄撰，《法言义疏》，〔晋〕李轨注，汪荣宝义疏，1993年铅印本

105. 杨祖陶、邓晓芒著，《康德〈纯粹理性批判〉指要》，长沙：湖南教育出版社，1996.

106. 姚安、王桂荃，《天坛》，北京：北京美术摄影出版社，2004.

107. 〔东汉〕应劭，《风俗通义校释》，吴树平校释，天津：天津人民出版社，1980.

108. 叶舒宪，《中国神话哲学》，北京：中国社会科学出版社，1992.

109. 叶舒宪、田大宪，《中国古代神秘数字》，北京：社会科学文献出版社，1998.

110. 于安澜编，《画史丛书》，上海：上海人民美术出版社，1963.

111. 俞孔坚、李迪华，《景观设计：专业、学科与教育》，北京：中国建筑工业出版社，2003.

112. 〔唐〕袁天罡，《推背图》，〔唐〕李淳风撰，清抄绘本

113. 乐黛云等主编，《中西比较文学教程》，北京：高等教育出版社，1988.

114. 〔美〕张光直，《中国青铜时代》，北京：三联书店，1983.

115. 〔美〕张光直，《中国青铜时代二集》，北京：三联书店，1990.

116. 〔美〕张光直，《商代文明》，北京：北京工艺美术出版社，1999.

117. 张良皋，《匠学七说》，北京：中国建筑工业出版社，2002.

118. 〔宋〕张拟，《棋经十三篇》，上海：上海文瑞楼，民国石印本

119. 张其成，《易图探秘》，北京：中国书店，1999.

120. 张文智、汪启明整理，《周易集解》，成都：巴蜀书社，2004.

121. 张一兵，《明堂制度研究》，北京：中华书局，2005.

122. 张永和，《北大建筑1（无）上下住宅》，北京：中国建筑工业出版社，2001.

123. 〔清〕章学诚撰，《文史通义》，李春伶校点，沈阳：辽宁教育出版社，1998.

124. 张永和，《非常建筑》，哈尔滨：黑龙江科学技术出版社，2004.

125. 张在元，《天地之间——中国建筑与城市形象》，NewYork：OxfordUniversity Press，2000.

126. 张志扬，《渎神的节日——一个思想放逐者的心路历程》，上海：上海三联书店，1997.

127. 赵晓生，《时空重组巴赫〈平均律键盘曲集〉新解》，上海：上海音乐出版社，2005.

128. 〔东汉〕赵晔著，《吴越春秋》，长春：时代文艺出版社，2000.

129. 〔北宋〕周敦颐，《太极图说》，长春：吉林人民出版社，1999.

130. 周勋初，《九歌新考》，上海：上海古籍出版社，1986.

131. 朱存明，《汉画像的象征世界》，北京：人民文学出版社，2005.

132. 朱良志，《中国艺术的生命精神》，合肥：安徽教育出版社，1995.

133. 朱铭、董占军,《壶中天地——道与园林》,济南:山东美术出版社,1998.
134. 朱青生, 《将军门神起源研究:论误解与成形》,北京:北京大学出版社,1998.
135. 朱青生,《十九札:一个北大教授给学生的19封信》,桂林:广西师范大学出版社,2001.
136. 宗白华,《美学散步》,上海:上海人民出版社,1981.
137. 宗白华,《艺境》,北京:北京大学出版社,1986.

二、中文期刊
1. 《第一师范学报》,1999 年第 1 期
2. 《东方艺术》,1998 年第 4 期
3. 《东南亚纵横》,1994 年第 2 期
4. 《方法》,1997 年第 9 期
5. 《复旦学报》(人文科学版),1956 年第 1 期
6. 《杭州大学学报》,1979 年 12 月
7. 《河北建筑工程学院学报》,2000 年第 2 期
8. 《华南建设学院西院学报》,1996 年第 2 期
9. 《华夏考古》,2004 年第 2 期
10. 《华中建筑》,1997 年第 3 期
11. 《建筑技术及设计》,2003 年第 7 期
12. 《建筑师》,2003 年第 5 期
13. 《建筑师》,2005 年第 2 期
14. 《建筑师》,2005 年第 4 期
15. 《新建筑》,1993 年第 3 期
16. 《江汉论坛》,1993 年 4 月
17. 《荆州师范学院学报》,1995 年 1 月
18. 《理论界》,2005 年 3 月
19. 《柳州师专学报》,1997 年 3 月
20. 《洛阳大学学报》,2002 年 9 月
21. 《美术》,1998 年 4 月
22. 《南方文物》,1997 年第 2 期
23. 《黔东南民族师专学报》(哲社版),1998 年 3 月
24. 《山东大学学报》,2004 年第 4 期
25. 《新建筑》,1996 年第 4 期
26. 《文史哲》,2000 年第 4 期
27. 《文物》,1988 年第 11 期
28. 《文艺理论研究》,2001 年第 4 期
29. 《文学遗产》,1980 年第 1 期
30. 《徐州师范学院学报》(哲学社会科学版),1994 年第 4 期
31. 《装饰》,2006 年第 2 期

32.《中州学刊》，1985年第5期

三、汉译书目

1. ［德］阿多诺，《美学理论》，王柯平译，成都：四川人民出版社，1998.
2. ［英］阿雷恩·鲍尔德温等著，陶东风等译，《文化研究导论》，北京：高等教育出版社，2004.
3. ［美］阿摩斯·拉普卜特著，《建成环境的意义——非言语表达方法》，黄兰谷等译，北京：中国建筑工业出版社，2003.
4. ［英］爱德华·泰勒，《人类学——人及其文化研究》，连树声译，桂林：广西师范大学出版社，2004.
5. ［古罗马］奥古斯丁，《忏悔录》，周士良译，北京：商务印书馆，1963.
6. ［美］本尼迪克特·安德森，《想象的共同体：民族主义的起源与散布》，吴叡人译，上海：上海人民出版社，2003.
7. ［英］伯尼斯·马丁，《当代社会与文化艺术》，李中泽译，成都：四川人民出版社，2000.
8. ［英］布劳德（C. D. Broad），《时间、空间与运动》，秦仲实译，上海：商务印书馆，1935.
9. ［意］布鲁诺·赛维著，《建筑空间论——如何品评建筑》，张似赞译，北京：中国建筑工业出版社，1984.
10. ［奥］弗洛伊德，《图腾与禁忌》，杨庸一译，北京：中国民间文艺出版社，1986.
11. ［英］葛瑞汉著，《论道者：中国古代哲学论辨》，张海晏译，北京：中国社会科学出版社，2003.
12. ［美］H·H·阿纳森，《西方现代艺术史》，邹德侬等译，天津：天津人民美术出版社，1986.
13. ［英］H·里德，《艺术的真谛》，王柯平译，沈阳：辽宁人民出版社，1987.
14. ［德］黑格尔，《美学》，朱光潜译，北京：商务印书馆，1979.
15. ［美］卡斯腾·哈里斯，《建筑的伦理功能》，申嘉、陈朝晖译，北京：华夏出版社，2001.
16. ［德］卡西尔，《语言与神话》，北京：三联书店，1988.
17. ［美］柯林·罗（Colin Rowe）、弗瑞德·科特（Fred Koetter）著，《拼贴城市》，童明译，北京：中国建筑工业出版社，2003.
18. ［美］拉普普，《住屋形式与文化》，张玫玫译，台北：境与象出版社，1979年第2版
19. ［德］莱辛著，《拉奥孔》，朱光潜译，北京：人民文学出版社，1979.
20. ［法］勒·柯布西耶著，《走向新建筑》，陈志华译，天津：天津科学技术出版社，1991.
21. ［英］理查德·帕多万，《比例——科学·哲学·建筑》，周玉鹏、刘耀辉译，北京：中国建筑工业出版社，2005.
22. ［英］李约瑟，《中国古代科学思想史》，陈立夫等译，南昌：江西人民出版

社，1999.
23. ［法］列维—布留尔，《原始思维》，丁由译，北京：商务印书馆，1981.
24. ［美］鲁·阿恩海姆，《艺术心理学新论》，郭小平、翟灿译，北京：商务印书馆，1994.
25. ［美］伦纳德·史莱因，《艺术与物理学——时空和光的艺术观与物理观》，暴永宁、吴伯泽译，长春：吉林人民出版社，2001.
26. ［波］罗曼·英加登，《对文学的艺术作品的认识》，陈燕谷、晓未译，北京：中国文联出版公司，1988.
27. ［英］罗素，《西方哲学史》，马元德译，成都：四川人民出版社，1998.
28. ［德］M·海德格尔，《海德格尔选集》，孙周兴选编，上海：上海三联书店，1996.
29. ［德］马克斯·舍勒，《人在宇宙中的地位》，李伯杰译，贵阳：贵州人民出版社，1989.
30. ［罗马尼亚］米尔希·埃利亚德，《神秘主义、巫术与文化风尚》，宋立道、鲁奇译，北京：光明日报出版社，1990.
31. ［罗马尼亚］米尔恰·伊利亚德，《神圣与世俗》，王建光译，北京：华夏出版社，2002.
32. ［法］莫里斯·梅洛—庞蒂，《知觉现象学》，姜志辉译，北京：商务印书馆，2001.
33. ［挪威］诺伯格·舒尔兹，《存在·空间·建筑》，尹培桐译，北京：中国建筑工业出版社，1990.
34. ［挪威］诺伯舒兹著，《场所精神：迈向建筑现象学》，施植明译，台北：田园城市文化事业公司，1995.
35. ［英］培根，《新工具》，许宝骙译，北京：商务印书馆，1984.
36. ［法］让·利奥塔，《非人——时间漫谈》，罗国祥译，北京：商务印书馆，2001.
37. ［英］史蒂芬·霍金，《时间简史》，许明贤、吴忠超译，长沙：湖南科学技术出版社，2002.
38. ［英］汤因比、［日］池田大作著，《展望21世纪：汤因比与池田大作对话录》，荀春生等译，北京：国际文化出版公司，1997年第2版
39. ［德］瓦尔特·赫斯，《欧洲现代画派画论选》，宗白华译，北京：人民美术出版社，1980.
40. ［美］维纳，《人有人的用处》，陈步译，北京：商务印书馆，1978.
41. ［美］巫鸿，《礼仪中的美术：巫鸿中国古代美术史文编》，郑岩等译，北京：三联书店，2005.
42. ［法］西尔维娅·阿加辛斯基，《时间的摆渡者：现代与怀旧》，吴云凤译，北京：中信出版社，2003.
43. ［古希腊］亚里士多德著，《物理学》，徐开来译，北京：中国人民大学出版社，2003.
44. ［德］雅斯贝尔斯，《历史的起源与目标》，魏楚雄、俞新天译，北京：华夏出

版社，1989.

45. ［德］伊利亚·普利高津，《确定性的终结——时间、混沌与新自然法则》，湛敏译，上海：上海科技教育出版社，1998.

46. ［荷］约翰·赫伊津哈，《游戏的人》，多人译，杭州：中国美术学院出版社，1996.

47. ［美］张光直，《美术、神话与祭祀》，郭净译，沈阳：辽宁教育出版社，2002.

四、西文书目

1. Amos Rapoport：Human Aspects of Urban Form——towards a man-environment approach to urban form and design, Pergamon press, 1977.

2. Heller, Agnes. A theory of history. London; Boston: Routledge & Kegan Paul, 1982.

3. Sigfried Giedion. Space, Time and Architecture——The Growth of A New Tradition, Harvard University Press, fifth edition, 1982.

4. Michael Loewe, Ways to Paradise: The Chinese Quest for Immortality, London: George Allen & Unwin, 1979.

5. Walter Benjamin. The Arcades Project. trans. Howard Eiland and Kevin Mclaughlin. The Belknap Press of Harvard University Press, 1999.

五、电子出版物

1. 《文渊阁四库全书电子版》，上海：上海人民出版社，迪志文化出版有限公司，1999.

2. 《国学备览》，北京：商务印书馆国际有限公司，2002.

3. 《二十五史》，北京：银冠电子出版有限公司，1992.

4. 林仲湘主编，《古今图书集成》，南宁：广西金海湾电子音像出版社，广西师范大学出版社，1999.

5. 方铭主编，《十三经注疏》，北京：商务印书馆国际有限公司，2004.

6. 《中国大百科全书》，北京：中国大百科全书出版社，2001.